oekom

Dieses Buch wurde klimaneutral hergestellt.
CO_2-Emissionen vermeiden, reduzieren, kompensieren – nach diesem Grundsatz handelt der oekom verlag. Unvermeidbare Emissionen kompensiert der Verlag durch Investitionen in ein Gold-Standard-Projekt.
Mehr Informationen finden Sie unter: www.oekom.de

climate neutral by firstclimate.com

Bibliografische Information der Deutschen Nationalbibliothek

Die Deutsche Nationalbibliothek verzeichnet diese Publikation in der Deutschen Nationalbibliografie; detaillierte bibliografische Daten sind im Internet über http://dnb.d-nb.de abrufbar.

Gesellschaft für ökologische Kommunikation mbH
Waltherstraße 29, 80337 München

Fachliche Begleitung:
Caroline Ebertshäuser, Rita Mühlbauer

Umschlaggestaltung: Sarah Müller, oekom
Lektorat: Christoph Hirsch, oekom
Satz/Layout: Ines Swoboda, oekom

Druck: Kessler Druck + Medien, Bobingen
Dieses Buch wurde auf FSC-zertifiziertem Papier gedruckt. FSC (Forest Stewardship Council) ist eine nichtstaatliche, gemeinnützige Organisation, die sich für eine ökologische und sozialverantwortliche Nutzung der Wälder unserer Erde einsetzt.

Printed in Germany
ISBN 978-3-86581-134-9

FSC Mix
Produktgruppe aus vorbildlich bewirtschafteten Wäldern und Recyclingholz oder - fasern
www.fsc.org Zert.-Nr. IMO-COC-26340
© 1996 Forest Stewardship Council
30%

Museum Mensch und Natur &
Hofpfisterei München (Hrsg.)

Schatzkammer Natur

Von der Vielfalt heimischer Arten

Mit Bildern und Federzeichnungen
von Rita Mühlbauer

Vorwort 9

An Bach und Tümpel I

Die Bachforelle – ein quirliger Fisch sucht klare Bäche 12
Der Biber – die Rückkehr des Burgherren 17

Denkstück: Einheimisch oder verfemt?
Über den steten Wandel in der Natur 21

Der Edelkrebs – ein gepanzerter Ritter in Not 26
Der Eisvogel – Noahs fliegender Edelstein 31
Die Flussperlmuschel – ein Methusalem für die Klimaforschung 35
Die Gebänderte Prachtlibelle – ein Flugakrobat mit Rückwärtsgang 40
Der Laubfrosch – ein perfekter Kletterer mit wechselndem Gewand 44

Denkstück: Von Falken, Göttern und Nixen –
Tiere und Fabelwesen in Mythos und Märchen 48

Der Wasserschlauch – mit Unterdruck auf Beutefang 53
Der Weißstorch – Mythenvogel und Marathonflieger 57

Denkstück: Gene, Arten und Ökosysteme –
Was bedeutet und wozu brauchen wir biologische Vielfalt 61

In Feld und Flur II

Der Admiral – ein farbenprächtiger Wanderer 68
Der Feldhase – Aphrodites fruchtbarer Wegbegleiter 72

Denkstück: Von Altamira bis Christo –
Die Natur und ihre Darstellung in der Kunst 78

Die Feldlerche – das singende, springende Löweneckerchen 82
Der Feldsperling – vom leisen Verschwinden einer Art 86
Der Große Abendsegler – ein nächtliches Flattertier in Wohnungsnot 91
Das Grüne Heupferd – ein unermüdlicher Sänger von hoher Warte 95

Denkstück: Unterirdische Wunderfabrik –
Der Boden als als faszinierender Lebensraum 99

Der Himmelblaue Bläuling – ein zarter Falter in Bedrängnis 104
Die Rauchschwalbe – die Königin der Bauernregeln 109
Das Rebhuhn – ein Hühnervogel liebt die Unordnung 113
Die Saatkrähe – ein lautstarker Vogel im schwarzen Rock 117
Die Steinhummel – ein nützlicher Brummer bestäubt im Akkord 122
Die Wechselkröte – ein schicker Lurch mit Turboentwicklung 126

Denkstück: Geliebt oder gequält?
Unser gespaltenes Verhältnis zum Mitgeschöpf Tier 130

In Hecke und Wald III

Die Blindschleiche – eine blendende Schönheit im Verborgenen 136
Der Feldmaikäfer – ein häufiger Begleiter aus Kindertagen 140

Denkstück: Sammeln, forschen und bewahren –
Naturkundemuseen im 21. Jahrhundert 144

Das Hermelin – ein Mäusejäger im Königskleid 149
Der Igel – ein Märchenheld im Vorstadtidyll 153
Der Kuckuck – ein kluger Vogel lässt brüten 158
Der Märzenbecher – ein Frühjahrsbote als Symbol der Unschuld 163
Das Pfaffenhütchen – die herbstliche Diva unter den Sträuchern 167
Der Rotfuchs – ein liebevoller Geselle mit schlechtem Ruf 171

Denkstück: Naturerlebnis Großstadt –
Warum Tiere in die Metropolen ziehen 175

Die Schlehe – Odins dornenbewehrte Begleiterin 180
Der Schwarze Holunder – Frau Holles Wunderstrauch 183
Der Sperber – ein pfeilschneller Jäger mit scharfem Blick 188
Die Weinrose – eine wilde Schönheit erobert die Welt 192

Denkstück: Im Paradies war Wildnis –
Ein Plädoyer für einen zukunftsfähigen Naturschutz 197

Staunen, erleben, schmökern
Serviceteil für Schatzsucher IV

Für Museumsliebhaber
Naturkundemuseen und ihre vielfältigen Attraktionen 202
Für Naturverbundene
Veranstalter von Führungen durch Wald und Flur 206
Für Lesehungrige
Ein kleiner Wegweiser durch den Bücherdschungel 209

Zur Entstehung des Buches

Naturkunde als Erlebnis – Museum Mensch und Natur München 212

25 Jahre Ökologischer Weg – Hofpfisterei München 213

Bilder von der Vielfalt heimischer Arten – Rita Mühlbauer über ihre Malerei 214

Anhang

Die Autorinnen und Autoren im Porträt 216

Alphabetisches Artenregister 221

Zum Ausprobieren und Selbermachen

Wie sauber sind Bach und Tümpel? Gewässergüte bestimmen leicht gemacht 16

Was tummelt sich unter Wasser? Wir bauen eine Teichlupe 39

Welches Tier war hier? Ein paar Informationen rund ums Spurenlesen 77

Wenn die Nahrung knapp wird – Vögel füttern wie ein Profi 90

Einheimische Wildblumen bevorzugt – Wie man einen Schmetterlingsgarten anlegt 108

Graben, lockern und durchmischen – Wir schauen dem Regenwurm zu 121

Naturbelassen und unordentlich – Ein perfekter Garten für den Igel 157

Musizieren mit Tieren – Kinderlieder rund um den Kuckuck 162

Köstliches vom Holler – Holunderblütenküchle backen 187

Rosenküche für Schleckermäuler – Hagebuttenmarmelade kochen 196

Dank

Seit 2002 publiziert und verteilt die *Hofpfisterei* mit dem Projekt *»Die Hofpfisterei schützt die Natur«* Postkarten mit Naturporträts der Künstlerin Rita Mühlbauer. Die Postkartenaktion wurde vom *Bayerischen Landesbund für Vogelschutz* (LBV) von Anfang an begleitet und mit viel Engagement fachlich unterstützt. Hierfür sei dem LBV herzlich gedankt!
Mit Erscheinen des Buches eröffnet das *Museum Mensch und Natur* in München die gleichnamige Ausstellung »Schatzkammer Natur«, in der die Aquarelle von Rita Mühlbauer im Original zu sehen sind.

Herausgeber

Das *Museum Mensch und Natur* in München ist ein modernes Naturkundemuseum. Es widmet sich unter anderem der Entwicklung des Lebens auf der Erde, der Vielfalt der Organismen und dem Verhältnis des Menschen zur Natur.
Die *Ludwig Stocker Hofpfisterei GmbH* gilt als die Traditionsbäckerei in München - und ist gleichzeitig zukunftsorientiert: Bereits 1984 stellte sie auf rein ökologische Produktion um und engagiert sich seither auch für die Erhaltung der biologischen Vielfalt.

Vorwort

Auf Entdeckungsreise in der Schatzkammer Natur

Dieses Buch möchte Auge und Herz für unsere wertvolle Tier- und Pflanzenwelt öffnen. Die hier vorgestellten 33 Tier- und Pflanzenarten stehen dabei stellvertretend für den Reichtum und die Schönheit unserer Natur.

Eine Vielzahl renommierter Autorinnen und Autoren lässt Arten wie den Biber, den Eisvogel oder den Märzenbecher in inhaltlich bunten Beiträgen lebendig werden. Über die Tier- und Pflanzenporträts hinaus beleuchtet das Buch in »Denkstücken« die Zusammenhänge zwischen Artenvielfalt und menschlichem Tun, zwischen Natur und Kultur. Denn so vielfältig sich die Natur unseren Sinnen präsentiert, so vielfältig sind auch die Möglichkeiten der Auseinandersetzung mit ihr. Tipps zum Ausprobieren und Selbermachen wecken die Entdeckerfreude und regen zum Aktivwerden an, denn nur was man kennt und schätzt, kann man schützen und bewahren.

Zentrale Schmuckstücke in dieser »Schatzkammer Natur« sind die Bilder der Münchener Künstlerin Rita Mühlbauer. Ihre stimmungsvollen Aquarelle porträtieren unsere heimische Fauna und Flora in ihren natürlichen Lebensräumen. Caroline Ebertshäuser, die Mitinitiatorin des Buches und verantwortlich für die *Public Relations* der *Hofpfisterei München*, und Rita Mühlbauer waren entscheidend an der Konzeption beteiligt. Ihnen beiden sei an dieser Stelle herzlich gedankt!

Die Artenvielfalt zu bewahren, ist das Gebot der Stunde, denn trotz mancher Erfolge beim Natur- und Umweltschutz verschwinden täglich Tier- und Pflanzenarten. Unmerklich und unwiederbringlich geht hier ein Schatz verloren, den es vielmehr zu pflegen und zu erhalten gilt. Denn was wären unsere Wälder ohne den herbstlichen Glanz des Pfaffenhütchens, was unsere Fluren ohne den Gesang der Feldlerche oder den eleganten Flug der Schwalben? Es gibt viele gute Gründe diesen Reichtum auch für nachfolgende Generationen zu erhalten – dieses Buch möchte hierzu einen Beitrag leisten!

Margaretha Stocker
Hofpfisterei München

Michael Apel
Museum Mensch und Natur

An Bach und Tümpel I

Die Bachforelle – ein quirliger Fisch sucht klare Bäche

Forelle – ein Name, der im Deutschen ganz anders, viel quirliger klingt als in benachbarten Sprachen: »trout« (englisch), »truit« (französisch), »trutta« (italienisch) – Forelle hört sich irgendwie musikalisch an, und kunstsinnigen Menschen fällt auch gleich ein akustischer Leckerbissen ein: »Forelle nach Schubart/Schubert-Art«.

An einem Bächlein helle

Dem weitgehend vergessenen deutschen Lyriker Christian Friedrich Daniel Schubart (1739–1781) gelangen im 18. Jahrhundert ein paar Reime, die der ungleich berühmtere Tondichter Franz Schubert (1797–1828) zu einem der schönsten Kunstlieder formte, das sich nicht nur in der deutschen, sondern in der internationalen klassischen Liedliteratur wiederfindet. Die Eingangsstrophe lautet:

An einem Bächlein helle
Da schoss in froher Eil
Die launische Forelle
Vorüber wie ein Pfeil.

Das mit dem Pfeil stimmt: Bachforellen können mit stroboskopartig schnellen Schwanzschlägen – bis zu 15 pro Sekunde! – auf der Kurzstrecke Spitzengeschwindigkeiten von 35 Stundenkilometern erreichen, und das fast aus dem Stand. (Zum Vergleich: Der weltbeste Freistilschwimmer krault mit gerade mal 7,65 Stundenkilometern durchs Wasser.) Und mit etwas Anlauf können sie sich bis zu 80 Zentimeter aus dem Wasser katapultieren. Forellen gewinnen den Vortrieb nicht nur aus dem Andruck der Schwanzflossen gegen das Wasser; der ganze Körper windet sich voran, drückt sich gegen das nasse Element ab. Und weiter im Liedtext:

Ich stand an dem Gestade
Und sah in süßer Ruh
Des muntren Fischleins Bade
Im klaren Wasser zu.

Bachforelle *(Salmo trutta)*

Wissenswertes__In klaren, sauerstoffreichen und kiesigen Fließgewässern ist die Bachforelle ganzjährig zu beobachten. Gefahr für ihren Bestand geht weniger von der eingeführten Regenbogenforelle aus als vielmehr von Flussbaumaßnahmen und Verschmutzung. Auf der Roten Liste wird sie daher als gefährdet eingestuft.
Bemerkenswertes__Meerwasser lässt junge Bachforellen ausgesprochen gut gedeihen – ein überraschender Befund für einen Süßwasserfisch!

Das Lied hüpft dann noch über weitere sechs Strophen in romantischer Manier ins metaphernhaft Lehrhafte hinüber: eine Warnung an die allzu hübschen Mägdelein, sich nicht allzu rasch angeln zu lassen.

Klar und sauber muss es sein

Geangelt werden heutzutage überwiegend Regenbogen-, weniger Bachforellen wie noch zu Schuberts Zeiten. Die Regenbogenforelle kam erst 1882 aus Nordamerika nach Europa, wurde mit anderen Arten gekreuzt und setzte sich durch: in der freien Natur und deutlich mehr noch in kommerziellen Teichen und auf dem Teller. Der Grund liegt nahe: Sie wächst schneller, ist größer, fleischiger und Kenner meinen auch wohlschmeckender als unsere Altwelt-Forelle, die über ganz Westeuropa verbreitet ist.

Die Nordgrenze der Bachforelle liegt in Finnland, im Süden taucht sie sogar an der Stiefelspitze Italiens und in Marokko auf. Ostwärts ist sie bis zum sibirischen Amur anzutreffen. Noch in gebirgigen Höhen von 2.000 Metern fühlt sie sich wohl; und einzig schlechte Wasserqualität macht ihr zuverlässig den Garaus.

Jagddruck allein konnte den wendigen Fisch nie existenziell bedrohen. Ihn zu erbeuten, galt immer schon als schwierig. In meiner Heimat, der nördlichen Lüneburger Heide, gab es noch in den 1950er- und 1960er-Jahren »Experten«, die in der Schmalen Aue im Wasserkraut »Forellen griepen« (Forellen greifen) konnten. Sie fuhren, in der Bachmitte stehend, mit den Händen sehr langsam durch die in der Strömung schwingenden, oft meterlangen Wasserpflanzen und schafften es, mit einer einzigen zuckenden Bewegung den Forellen, die sich hier verbargen, von hinten in die Kiemenöffnungen zu fahren und sie an Land zu schleudern. Ich habe mir damals fast die dünnen Kinderbeine bei meinen Versuchen abgefroren, es den Könnern auch nur ein einziges Mal gleichzutun. Vergeblich.

Die Schmale Aue, vielleicht der schönste norddeutsche Heidefluss überhaupt, fließt noch immer an der Ostgrenze des Naturschutzparkes Lüneburger Heide von Volkwardingen bis Jesteburg. Aber für etliche seiner Nebenbäche sieht es aus der Perspektive der Bachforelle nicht mehr gut aus: begradigt, teils verrohrt, durch Gülleabschwemmung von Wiesen und Weiden in ihrer Wasserqualität beeinträchtigt. Folglich sind auch die bevorzugten Laichplätze der Bachforelle in den Oberläufen der kleinen Gewässer in bedenklichem Zustand.

Bachforellen laichen zum ersten Mal im Alter von zwei oder drei Jahren. Die laichbereiten Tiere wandern im November und Dezember flussaufwärts. Das Signal zum Laichzug ist, so meinen Experten, ein Dreiklang aus Wassertemperatur, Sauerstoffkonzentration und Wassertrübung. Die trächtigen Weibchen schlagen, bevor sie sich ihrer Last entledigen, mit der Schwanzflosse Laichgruben in den Bachgrund, der vorzugsweise aus Kies besteht. Der wesentliche Grund, warum es nicht auch schlammiger Boden sein darf: Die Eier würden darin nicht genug Sauerstoff bekommen und absterben.

Fünfhundert Eier kann eine einzelne Bachforellin ablaichen, es kann aber auch das Dreifache sein. Möglicherweise können die weiblichen Tiere damit sehr unmittelbar auf günstige oder weniger günstige Umweltbedingungen reagieren – darunter besonders auf die Wasserqualität.

In gewisser Weise betreiben Forellenpaare koordinierte Brutfürsorge: Die Männchen bewachen ihre Weibchen und verteidigen sie gegen Rivalen. Und die Weibchen bedecken die befruchteten Eier mit Kies. Dieses Verstecken ist nicht nur Tarnung, es stellt auch sicher, dass die Eier nicht weggespült werden. Andererseits darf der Laich aber nicht so gründlich überstreut werden, dass die Heranwachsenden an Sauerstoffmangel leiden. Nach dem Ablaichen gehen Bachforellen übrigens nicht entkräftet zugrunde, wie es bei Lachsen der Fall ist. Sie schwimmen einfach mit der Fließrichtung in ihr Stammgebiet zurück und füllen ihre Reserven wieder auf – bis zur nächsten Laichzeit.

Meerwasser macht groß und stark

Forellen sind bekannt für ihre Empfindlichkeit in puncto Wasserbeschaffenheit. Da mag es verwundern, dass die Fische mit einer anderen fundamentalen Veränderung ihres Lebenselements kein Problem haben: Wissenschaftler fanden heraus, dass junge Bachforellen (also Süßwasserfische!) schneller heranwachsen, wenn man sie im Meer aussetzt. Möglicherweise ist dort das Futterangebot besser. Dass unsere »Binnenlandforellen« diese Verschickung im frühen Entwicklungsstadium überhaupt so gut verkraften, sehen Forscher als Beweis, dass Meer- und Bachforellen nur verschiedene Spielarten derselben Tierart sind – eine These, die in jüngerer Zeit durch genetische Untersuchungen prompt erhärtet wurde. Trotzdem verblüfft der Befund: Mit bis zu 1,40 Meter Länge (Bachforellen werden maximal 80 Zentimeter groß) verhalten sich Meer- zu Bachforelle etwa wie Schäferhund zu Cockerspaniel. Und auch farblich unterscheiden sich die beiden ganz erheblich: Bachforellen fehlt das sogenannte »Silberstadium« der Meerforellen: die silberne Färbung mit roter und schwarzgrüner Punktung, die auf das Jungfischkostüm folgt. Dafür haben – richtiger vielleicht: hatten – Bachforellen außergewöhnliche innere Werte, von denen im Kapitel »Flussperlmuschel« die Rede sein wird.

Claus-Peter Lieckfeld

Wie sauber sind Bach und Tümpel? Gewässergüte bestimmen leicht gemacht

Kleinlebewesen, etwa bestimmte Fliegen- oder Libellenlarven, sind hervorragend geeignet, den Verschmutzungsgrad eines Gewässers anzuzeigen. Da sie unterschiedlich hohe Ansprüche an die Sauberkeit des Wassers stellen, kann aus ihrer Anwesenheit oder ihrem Fehlen auf die so genannte Gewässergüte geschlossen werden.

Was man dazu braucht

Man benötigt nichts weiter als eine flache, weiße Schale sowie einen Kescher oder ein feines Sieb. Dazu noch ein paar detailgetreue Fotos oder Zeichnungen der Lebewesen und schon kann's losgehen!

Und so wird's gemacht

- In geröllreichen Bächen entnimmt man ein paar etwa faustgroße Steine und sucht die Unterseite nach kleinen Lebewesen ab. In sandigen Gewässern zieht man ein Sieb knapp über dem Gewässergrund durch das Wasser, am besten gegen die Strömung.
- Die gesammelten Tiere und Pflanzen gibt man mit ausreichend Wasser in das mitgebrachte Gefäß. Jetzt kann man die Lebewesen in aller Ruhe beobachten und bestimmen.

☞ Wenn die Larven der Steinfliege oder der Eintagsfliege (siehe Zeichnung) angetroffen werden, ist alles im Lot: Das Gewässer gilt als »unbelastet«.

Im Internet oder in Büchern findet man hervorragende Fotos oder Zeichnungen, sodass einer Bestimmungstour nichts mehr im Wege steht.

http://www.wwa-fs.bayern.de/fluesse_und_seen/gewaesserorganismen/index.htm
http://freenet-homepage.de/waldsee.freenet.de/datein/Gewaesserguete.pdf

Wolfgang Engelhardt, Peter Jürging, Jörg Pfadenhauer, Klaus Rehfeld
Was lebt in Tümpel, Bach und Weiher? Pflanzen und Tiere unserer Gewässer.
Franckh-Kosmos Verlag, Stuttgart, 2008

Helmut Schwab
Süßwassertiere. Ein ökologisches Bestimmungsbuch.
Klett Verlag, Stuttgart, 1993

Der Biber – die Rückkehr des Burgherren

Es ist Vollfrühling im Biberrevier. Das Grün leuchtet so intensiv wie zu keiner anderen Zeit des Jahres. Bepelzte Hummeln und Bienen laben sich an den blühenden Weidenkätzchen und sammeln emsig Pollen. Das Wasser rauscht und plätschert über den Biberdamm und überall spürt man das erwachende Leben. Der Quell dieses Lebens ist das Wasser – der Biber ist der Baumeister, der das Wasser in die Fläche leitet und eine vielfältige Landschaft hervorbringt.

Wieder auf dem Damm

Die Vielfalt, die hier entsteht, ist schier unfassbar. Es gibt kaum etwas faszinierenderes als eine vom Biber geschaffene Landschaft. Hier ist der Wandel Programm, die Dynamik greifbar. Und Wandel schafft Vielfalt – Vielfalt an Lebensräumen und damit auch an Arten. Der Biber gilt daher zu Recht als Schlüsselart und Ökosystemingenieur. In seinem Reich blüht das Leben: Zahllose gebänderte Prachtlibellen tanzen entlang des Biberbachs; ihre Larven sind eine wichtige Eiweißquelle für Zwergtaucher und Barbe. Wo Schilf wächst, stellen sich Rohrammer und Teichrohrsänger ein. Klein- und Buntspecht geben sich ein Stelldichein, denn in der Umgebung so mancher absterbenden Weide lebt es sich wie die berühmte Made im Speck. Wird das Holz schließlich brüchig, entstehen bald Specht- und Faulhöhlen, ein Eldorado für Wasserfledermäuse und andere Höhlenbrüter.

Doch nicht nur ökologisch wertet der Biber seinen Lebensraum auf. Über seine Dammbauaktivitäten beeinflusst er die Wasserspeicherung großer Gebiete – ein wichtiger Effekt in Zeiten, in denen klimatische Extremereignisse wie trockene Sommer oder Jahrhunderthochwasser sich häufen. Zwei Kanadierinnen, Glynnis Hood und Suzanne Bayley, führten in ihrem Heimatland anhand von langjährigen Datenreihen Wasserhaushaltsuntersuchungen durch. Sie maßen nicht nur Temperaturen und Niederschlagshöhen, sondern untersuchten auch den Einfluss des Bibers. Die Ergebnisse waren eindeutig: Durch die Rückkehr des Burgherren erhöhte sich der Anteil an offenen Wasserflächen um sechzig Prozent. Im trockenen kanadischen Sommer des Jahres 2002 war dies ein wahrer Segen für die benachbarte Land- und Forstwirtschaft. Erstere hatte weniger starke Zuwachseinbußen, letztere blieb vom Borkenkäfer verschont.

Ähnlich positive Effekte hat des Bibers Werk bei Hochwasser. Auch hier halten Biberdämme und die dadurch gestauten Teiche Wasser zurück. Wasser, das Zeit hat, zu verdunsten oder langsam zu versickern, um neues Grundwasser zu bilden. Wasser, das nicht sofort mit hoher Geschwindigkeit abfließt. Das Hochwasser wird von den Dämmen aufgehalten und in seinem Ausmaß gedämpft. Doch damit nicht genug: Ganz nebenbei fungieren die Dämme auch noch als hervorragende Wasserfilter. Wohl dem, der einen Biber zum Nachbarn hat!

Ein Fisch mit Haut und Haaren

Unsere Vorfahren hatten andere Gründe, den Biber zu verehren und zu schätzen, was er nicht selten mit dem Leben bezahlen musste. Während der zahlreichen Fastentage im Jahr (es waren einmal um die 150) stand der Biber ganz oben auf der Speisekarte. Dass man ihn dazu zum Fisch erklären musste, um die »strengen« Fastenregeln zu umgehen, war kein wirkliches Hindernis, ein päpstliches Edikt machte das Unmögliche möglich. Darüber hinaus war das Castoreum, ein Sekret aus den Geildrüsen des Bibers, über viele Jahrhunderte das wichtigste Heilmittel. Das in den Drüsen enthaltene Salicylaldehyd entspricht weitgehend der Wirkung von Aspirin und hemmt Entzündungen, stillt Schmerzen und senkt Fieber. Unmittelbar vor der Ausrottung stand der Biber aber erst, als die menschliche Eitelkeit schrille Blüten trug: Biberhüte, aus der Unterwolle des Pelzes gefertigt, waren über ein Jahrhundert ein Muss für jeden Gentleman. Zum Glück für den Biber kam diese Unsitte gerade noch rechtzeitig aus der Mode.

Wenn der Frühling schon im Winter kommt

Nun, da der Biber als Kopfbedeckung ausgedient hat, ist er drauf und dran, zu alter Stärke zurückzufinden. Ein funktionierendes Liebesleben ist hierfür Grundvoraussetzung. Seinen persönlichen Frühling verspürt der Biber bereits im Hochwinter. Duftstoffe des Weibchens lösen im Januar beim Biberbären die Hochzeitsstimmung aus. Die Paarung findet im Wasser statt – ein frostiges Unterfangen. Biber zählen zu den wenigen Säugern, die ihrem Partner ein Leben lang die Treue halten. Das liegt sicherlich auch an den Rahmenbedingungen, denn der nächste Nachbar ist in der Regel weit entfernt, die Möglichkeit eines Seitensprunges also deutlich reduziert. So kann aber auch das Bibermännchen sicher sein, dass die Jungen von ihm stammen. Entsprechend intensiv bemüht er sich später um den Nachwuchs. Kurz vor der Geburt räumt der Bibervater aber zunächst die Biberburg, um sie dem Weibchen mit dem Nachwuchs zu überlassen. Später betreuen beide die Jungen gemeinsam, die einjährigen Geschwister helfen tatkräftig mit.

Biber *(Castor fiber)*

Wissenswertes__Biber sind dämmerungsaktive Tiere. Ihr warmer Pelz lässt sie auch vor eisigen Temperaturen nicht zurückschrecken. Er schätzt bewachsene Uferregionen, die er in seinem Sinne umgestaltet – nicht immer zur Freude des Menschen.
Auch wenn sein Bestand heute wieder zunimmt, gilt er nach wie vor als gefährdet.
Bemerkenswertes__Im Mittelalter wurde der Biber als Fastenspeise verzehrt; noch im 19. Jahrhundert galten Biberhüte als schick.

Die Jungen sind bei Geburt bereits weit entwickelt und haben etwa die Größe eines Meerschweinchens. Sie sind äußerst stimmfreudig und man hört sie ständig um Futter betteln oder aus irgendeinem Grund wimmern. Ein warmer Pelz schützt sie, die Augen sind geöffnet und sie sind von Anfang an recht mobil. Selbst Schwimmübungen machen sie bereits in den ersten Tagen; hierzu bietet die Biberburg so manchen sicheren Bereich. Biber bringen nur einmal im Jahr Junge zur Welt, meist sind es nur zwei bis drei. Intensiv von Eltern und Geschwistern betreut, haben sie noch viel zu lernen, entsprechend eng ist die Familienbindung. War ein Familienmitglied vom Rest des Clans getrennt, fällt seine Begrüßung nach der Rückkehr stürmisch und lautstark aus. Dabei umarmen sich die Biber und beschnüffeln sich intensiv.

Fällen und Graben bringt Kummer

Trotz der »Faszination Biber«, können wir uns eines gewissen Ärgers nicht erwehren, wenn seiner »Gestaltungswut« altehrwürdige Bäume zum Opfer fallen. Doch ihn dafür verantwortlich zu machen, dass die Weiden als prägendes Element immer mehr aus den Flusslandschaften verschwinden, wäre falsch. Tatsächlich gelingt es den Weiden häufig nicht mehr, sich zu verjüngen, denn ohne kiesige Rohböden kommt bei diesen Pionierbaumarten kein Nachwuchs auf.

Der Eisschub der Flüsse oder die Zähne der Biber können Bäume »beschädigen«. Solche »auf den Stock gesetzten« Stämme treiben jedoch häufig von der Basis her wieder aus und wachsen heran. Will man die letzte verbliebene Baumreihe am Fluss erhalten, sollte man Jungbäume pflanzen und markante Einzelbäume durch Drahthosen vor Biberverbiss schützen. Für den Strukturverlust in der Landschaft ist der Biber sicher nicht der geeignete Sündenbock.

Doch gibt es noch eine Reihe weiterer Biberaktivitäten, die gelegentlich Unmut über den fleißigen Nager aufkommen lassen. Gerade der Dammbau und seine Röhren, die so manchen Weg unterminieren, sorgen immer wieder für Ärger. Allerdings lässt er sich leicht vermeiden, sofern man rechtzeitig und adäquat handelt. Der Biberberater vor Ort weiß hier immer Rat und hilft mit Elektrozäunen, Dammdrainagen bis hin zum Wegfang des »Störenfrieds«. Die effektivste Konfliktvermeidungsstrategie wäre es jedoch, wenn man dem Biber seinen Lebensraum einfach überlassen würde. Ein Abrücken unserer Aktivitäten um zwanzig Meter vom jeweiligen Gewässerrand wäre hier genug. Dies wäre nicht nur zu unserem Wohle, sondern auch zum Wohle der Aue und ihrer Artenvielfalt. Damit entstünde ein neues Netzwerk des Lebens an unseren Bächen und Flüssen. Gestalter brauchen eben etwas Raum – vor allem in unseren Köpfen.

Volker Zahner

Einheimisch oder verfemt? Über den steten Wandel in der Natur

Indianer- und Cowboygeschichten sind uns aus Erzählungen und Westernfilmen noch heute in plastischer Erinnerung. Das Einfangen und Reiten wilder Mustangs war ebenso Teil mancher Geschichte wie eine galoppierende Indianerhorde in der verzweifelten Verteidigung ihrer letzten Jagdgründe. Tatsächlich hat aber die indigene Bevölkerung Nordamerikas erst sehr spät reiten gelernt und es kamen im Wesentlichen die südlichen Prärieindianer in den Genuss dieser effizienten Fortbewegung. Das Klischee des stolz reitenden Häuptlings reflektiert einen kurzzeitigen regionalen Kulturzustand. Dem Anhänger von Wildwestgeschichten ist selten bewusst, dass Pferde tatsächlich erst seit dem 17. Jahrhundert aus verwilderten Herden der spanischen Konquistadoren von einzelnen indianischen Stämmen als Reittiere verwendet und gezüchtet wurden.

Zur Problematik des Begriffs »Heimat«

Gerade Pferde illustrieren die Problematik scheinbar eindeutiger Begriffe wie »einheimisch«, »exotisch« oder auch »wiedereingeführt«: Nordamerikanische Pferde sind vor vielleicht 10.000 Jahren ausgestorben, wobei unklar ist, ob oder wie stark der späteiszeitliche Mensch am finalen Untergang beteiligt war. Ursprünglich waren Pferdeartige während des größten Teils ihrer Evolution in Nordamerika heimisch, ehe sie vor ein bis zwei Millionen Jahren über die Beringstraße auch nach Eurasien und Afrika gelangten und die dortige Fauna bereicherten. Aus diesen wurden vor einigen Tausend Jahren neben Hauseseln auch die Hauspferde gezüchtet, welche wiederum die Grundlage für die verwilderten Herden in Nordamerika bildeten. Heute gibt es die größten frei lebenden Pferdeherden wohl weder in Nordamerika (wo Pferde ursprünglich herkamen) noch in Asien, Europa oder Afrika (wohin sie ausgewandert waren und wo sie später domestiziert wurden), sondern in Australien, wohin Auswanderer sie ab Ende des 18. Jahrhunderts verfrachtet haben und wo sie heute zusammen mit verwilderten Dromedaren und einheimischen Kängurus weiden. Die Landschaften und ihr Arteninventar sind heute überall ein Spiegelbild der vorangegangenen Menschheitsgeschichte.

Tier- und Pflanzeninventar sind Menschenwerk

Wenn sich die Auswanderer vergangener Jahrhunderte in die überseeischen Kolonien einschifften, waren fast immer auch Pflanzen und Tiere im Gepäck, um sie in der neuen Heimat auszusetzen. Katzen, Hunde, Ratten,

Flöhe, Pflanzensamen, Regenwürmer, aber auch tödliche Krankheitserreger für Menschen und Tiere des Einwanderungslandes fanden so den Weg in die Ferne. In den Flüssen und Seen aller Kontinente räubern heute europäische und nordamerikanische Raubfische. Saiblinge und Forellen haben den im Titicacasee endemischen Amanto, einen Andenkärpfling, der den Indios als Nahrungsquelle diente, derart in Bedrängnis gebracht, dass er mittlerweile als ausgestorben gilt. Umgekehrt haben wir Exoten eingeführt, was der Europäische Flusskrebs nur knapp überlebte; ein Pilz eines eingeführten Vetters aus Amerika vernichtete fast alle Populationen. Unsere großen mitteleuropäischen Flüsse sind seit dem letzten Viertel des 20. Jahrhunderts wahre Artenschmelztiegel, in denen Schnecken aus Neuseeland mit Muscheln und Krabben aus Asien und Flohkrebsen aus Amerika zusammenleben. Unsere hochspezialisierten und altertümlichen Störe suchen wir indes meist vergebens.

Tier- und Pflanzeninventar sind zunehmend Menschenwerk. Seitdem unsere Vorfahren vor etlichen Tausend Jahren begannen Felder zu bestellen und Vieh zu halten, sind Acker- und Heilpflanzen, Gewürz- und Zierpflanzen nach Mitteleuropa eingeführt worden. Kleine Nagetiere aus Asien haben dabei in Haus, Hof und Vorratsspeichern neue und komfortable Lebensräume entdeckt, wurden »Kulturfolger« und »heimisch« und heißen heute »Hausmaus«. Mit der römischen Hochkultur kamen auch Esskastanien und Hausratten hinzu.

Alteingeführte und -eingeschleppte Tier- und Pflanzenarten machen einen namhaften Anteil unserer heutigen Flora und Fauna aus. Werden sie selten, werden sie in die Roten Listen gefährdeter Arten eingetragen, da sie trotz ihrem Einwandererstatus als schützenswerte Mitglieder der heimischen Artengemeinschaft gelten. Unsere Hausmaus ist gar fester Bestandteil vieler Kindergeschichten geworden. Denn als heimisch betrachten wir nicht die Artengemeinschaft der von Wäldern, Auen und Mooren geprägten europäischen Urlandschaften, durch die unsere jagenden und sammelnden Vorfahren streiften, sondern unsere wirtschaftsgeprägten späteren Lebensräume ab etwa dem Neolithikum, wobei es eine offene Debatte bleibt, welche Arten tatsächlich »zu uns« gehören. Was nach 1492 ankam, muss sich jedenfalls das Attribut, als unbestritten heimisch zu gelten, erst noch verdienen und wird folgerichtig als Neubürger taxiert. Viele Biologen nennen sie »Neophyten« und »Neozoen«, um definitorisch festzuhalten, dass Robinie, Indisches Springkraut und Waschbär Exoten sind.

Artenaustausch weckt kaum Emotionen

Die Artengemeinschaften der Kontinente und Regionen werden infolge von Vermischungen zunehmend ähnlicher und weniger charakteristisch. Diese Durchmischung überdeckt in der Wahrnehmung sogar das globale Artensterben, da die Artenzahlen bei regionaler Betrachtung teilweise sogar zunehmen. Amerikanische Lupinen finden wir seit 1890 in Bayern und afroasiatische Sittiche inzwischen in Paris und Köln, während der markante Waldrapp, ein Schreitvogel aus der Familie der Ibisse, vor langer Zeit aus dem Schwarzwald verschwunden ist. Doch wie viele Menschen berührt diese Veränderung wirklich? Gibt es einen breiten Konsens, den globalen Austausch effizient zu bekämpfen?

Betrachten wir einmal die Situation aus einer gewissen Ferne, statt direkt vor der eigenen Haustüre, wo Ermahnungen leicht den Vorwurf provozieren, an überkommenen Werten festhalten und tradierten Heimat- und Naturbegriffen nachtrauern zu wollen. In der außereuropäischen Welt, wo inzwischen 88 Prozent aller Menschen leben, hält sich das Bedauern über Artenvermischungen in der breiten Bevölkerung offensichtlich in Grenzen, ähnlich wie die Bemühungen, die verbliebenen Reichtümer und regionalen Eigenheiten zu bewahren. Vielfach gelingt es auch schlicht nicht mehr, immigrierte Arten loszuwerden oder Bevölkerungswachstum und Naturschutz in Einklang zu bringen. Die ursprünglichen Arten sind entweder längst ausgestorben oder leben als Restpopulationen in Parks. Natürlich wird der ökonomische Wert von Reservaten und (scheinbar) unberührten Landschaften als Einnahmequelle eines wachsenden Naturtourismus geschätzt, aber die emotionale Verankerung der verdrängten Arten in der Bevölkerung und die Nachhaltigkeit der Maßnahmen scheinen fragil. Allenfalls lokal können engagierte Organisationen durch Aufklärung ein Umdenken bewirken. Es bleibt aber unklar, ob dies künftigen sozialen und politischen Belastungen standhält.

Wie sieht die Situation in Mitteleuropa aus? Zurückgehende oder gar verschwundene Populationen heimischer Arten spielen in den Medien und für den »Mann auf der Straße« eine eher untergeordnete Rolle. Aufmerksamkeit erzielt das Thema allenfalls bei engagierten Einzelpersonen oder Schutzorganisationen. Diese wissen um die bei uns verschwundene Ibisart und bemühen sich um Wiederansiedlungen aus dem Pool der wenigen weltweit noch verbliebenen Individuen. Unter den unscheinbaren und kleinen Tierarten, etwa im Süßwasser, mögen Jahr für Jahr zahlreiche aussterben, andere durch Invasive ersetzt werden, doch lässt sich dieser Verlust kaum beziffern und ist für wirksame Aktionen wenig geeignet.

Natur und Naturverständnis

Seit der Kelten- und Römerzeit sind Wisente und Auerochsen, Bären und Wölfe sowie Elche und Tarpane (Waldwildpferde) bei uns weitgehend oder ganz verschwunden. Das damalige Arteninventar begegnet uns noch schwach in Dichtungen des Hochmittelalters, so in kurzen Absätzen bei Hartmann von Aue und im Nibelungenlied. Heute wird dieser Artenbestand allenfalls als verblassendes Kolorit einer fernen Vergangenheit wahrgenommen, den kaum jemand wirklich in unseren Wäldern wünschen würde. Wir haben diese Tiere ja in gewissem Sinne auch nur ausgetauscht gegen Kaninchen, Fasan, Karpfen und Waschbär. Auch an künftige Änderungen wird sich die Menschheit schlicht und einfach gewöhnen. Sie wird das Verlorengegangene überwiegend nicht wirklich vermissen. Das Bestaunen von Wisenten und scheinbar »rückgezüchteten« Auerochsen in Parkanlagen reicht ihr aus. Und wären diese Tiere auch dort nicht mehr zu besichtigen, würden sie so wenig vermisst wie das Mammut und Wollnashorn der eiszeitlichen Jägervorfahren.

Jede Generation erklärt die Landschaftsvielfalt und Artenkonstellation, die sie aus eigener Anschauung kennt oder in ihrer Jugend erlebt hat, zum Ausgangspunkt, um sie für zeitbezogene Ziele zu nutzen oder zu managen. Dieses Vorgehen entspricht dem kreativen Bedürfnis des Menschen, seine Umwelt gestalten und nicht sich selbst überlassen zu wollen. Für den Erhalt von Schmetterlings- und Orchideenarten werden unsere Halbtrockenrasen und Blumenwiesen gezielt gepflegt, denn die natürliche Sukzession würde lokal einen raschen Rückgang dieser als schützenswert betrachteten Artenvielfalt nach sich ziehen. Die Einschleppung exotischer Muscheln in unsere Wattenmeer-Nationalparke lässt sich hingegen auch durch Pflegemaßnahmen nicht mehr verhindern, weshalb Strandwanderer seit Mitte des 20. Jahrhunderts in jeder Generation ein neues Sortiment an Strandgut vorfinden. Durch den Menschen eingeschleppte Organismen finden wir inzwischen in ausnahmslos allen Reservaten und Nationalparks der Erde.

Artenmix wird zur Alltagserfahrung

Wagen wir einen Ausblick in die Zukunft unserer Enkel und deren Kindeskindern: Auch sie werden »ihre« Umwelt als Ausgangspunkt verstehen und eine zeitgemäße Nutzung oder Pflege vorsehen. Sie mögen andere Ziele verfolgen, als wir sie im Jahre 2009 für richtig halten. An die rasanten globalen Faunen- und Florenvermischungen werden sie sich gewöhnt und sie weitgehend als unausweichliche Begleitumstände der global agierenden, mobilen und vernetzten Gesellschaft akzeptiert haben, zumal es wenige Möglichkeiten für Gegenmaßnahmen gibt. Eine Lenkung und Eindämmung wird dort versucht, wo größerer gesundheitlicher oder wirtschaftlicher Schaden droht.

Schutz und Wertschätzung der biologischen Vielfalt sind in dieser Zukunft weiter bedeutsam und vermutlich gegenüber früher sogar gewachsen. Allerdings werden die zu ergreifenden Maßnahmen im Kontext der aktuellen Bedürfnisse, der geänderten Freizeitaktivitäten und auch der immer wieder auftretenden schwierigen wirtschaftlichen und sozialen Rahmenbedingungen gesehen. Die beginnende Umstellung auf nachhaltige Ressourcenbewirtschaftung und Klimaverträglichkeit seit Ende des 20. Jahrhunderts hat die Umwelt durchaus in neuer Form strapaziert. So wird es Mitte bis Ende des 21. Jahrhunderts weltweit kaum noch frei fließende Ströme geben, denn eine nachhaltige Energie- und Bewässerungssicherung und eine hohe Erdbevölkerung, die zu 92 bis 95 Prozent außerhalb Europas lebt und vielerorts eine Verbesserung ihrer Versorgung sucht, haben weitere Natureingriffe notwendig scheinen lassen.

Die unzweifelhafte Begabung der Menschen, aus fast jeder Situation einen positiven Impuls für Verbesserungen abzuleiten, wird aber auch unsere Nachfahren beflügeln, zeitgemäße Handlungsstrategien zu entwickeln, um ökonomische und ökologische Ziele zu verbinden. Begriffe wie »einheimisch«, »exotisch« oder »invasiv« werden ihre heutige scharfe Bedeutung zunehmend verlieren, da der Wandel und die globale Durchmischung eine Alltagserfahrung werden.

Sollen wir also die Hände in den Schoß legen und dem ohnehin unausweichlichen Wandel zusehen? Das würde Artenverarmung, Homogenisierung und Verlust von Regionalidentität sicher beschleunigen. Denn auch wenn wir die Veränderungen nicht grundsätzlich aufhalten können, so können wir sie doch abmildern, bremsen und lenken und Grundsteine dafür legen, dass die Ausgangssituation für unsere Nachgeborenen besser ist, als wenn wir nichts tun.

Bruno Streit

Der Edelkrebs – ein gepanzerter Ritter in Not

»Unter allen Krebsarten ist dieser gemeine Flußkrebs der bekannteste und nutzbarste.« So beginnt Johann Friedrich Wilhelm Herbst 1790 seine Beschreibung des Fluss- oder Edelkrebses. Eines Tieres, das man heutzutage höchstens aus dem Fischgeschäft kennt und das nur wenige schon einmal in freier Natur beobachten konnten. Noch vor etwas mehr als hundert Jahren war das allerdings ganz anders. Flusskrebse kamen fast überall in Bächen, Flüssen und Seen vor und die Flusskrebsfischerei war ein weitverbreitetes Gewerbe. Dabei galten sie aufgrund ihrer Häufigkeit – ähnlich wie Lachse – lange Zeit gar nicht als Delikatesse, sondern waren ein gängiges und relativ billiges Nahrungsmittel. Zum Teil war es sogar per Gesetz verboten, seinen Dienstboten zu häufig Krebse zu servieren. Heute dagegen steht der Edelkrebs in Deutschland als vom Aussterben bedroht auf der Roten Liste der gefährdeten Tierarten und sein Vorkommen ist auf isolierte Bereiche im Oberlauf von Bächen und kleinen Flüssen sowie auf einzelne Teiche und Seen begrenzt.

Das Drama begann in Norditalien

Aber wie konnte es so weit kommen? Bereits Mitte des 19. Jahrhunderts machten intensive Befischung sowie zunehmende Gewässerverschmutzung und -verbauung dem Edelkrebs zu schaffen und es kam zu einem Rückgang der Krebsbestände. Das eigentliche Drama begann aber um 1860 in Norditalien, als plötzlich eine mysteriöse Krankheit in den Krebsgewässern auftrat. Die Krustentiere wurden entgegen ihren normalen Gewohnheiten plötzlich tagaktiv, putzten sich ständig und verloren gar einzelne Körperglieder. Im Endstadium zeigte sich an Augen und Gelenken ein weißer schimmelähnlicher Belag und schließlich verendeten die Tiere. Innerhalb kürzester Zeit starben so die Populationen ganzer Flüsse ab und mit rasender Geschwindigkeit bewegte sich die Seuche nach Norden. Ab 1870 wütete sie in Frankreich, 1878 erreichte sie Baden und im Jahr darauf Bayern. Innerhalb weniger Jahre brachen nun in ganz Deutschland die Krebsbestände zusammen und nur wenige isolierte Edelkrebspopulationen überstanden diesen Seuchenzug. Kein Wunder, dass hier Erinnerungen an die mittelalterlichen Pestzüge wach wurden und die Erkrankung bald unter dem Namen »Krebspest« traurige Berühmtheit erlangte.

Edelkrebs *(Astacus astacus)*

Wissenswertes__Der im Verborgenen lebende Krebs benötigt klare, sauerstoffreiche Bäche. Gewässerverschmutzung und die »Krebspest« haben dem Tier einen »Spitzenplatz« auf der Roten Liste eingebracht: Er ist vom Aussterben bedroht!

Bemerkenswertes__Der Edelkrebs war früher sehr häufig und ein Volksnahrungsmittel. In Ostpreußen war es zeitweise per Gesetz verboten, seinen Bediensteten mehr als dreimal pro Woche Krebse aufzutischen.

Wie verheerend die Krankheit wütete, macht der folgende Bericht über das Krebssterben in der Altmühl, dem damals ergiebigsten Krebsgewässer Bayerns, aus der Bayrischen Fischereizeitung von 1880 deutlich: »Eine in neuester Zeit in verschiedenen Gewässern in und außerhalb Bayerns beobachtete Erscheinung konnte in den letzten Tagen auch in der Altmühl wahrgenommen werden, und zwar die sogenannte Krebspest. Stadtfischer Schneider dahier machte am 10. d. Mts. die Mittheilung, daß in dem von ihm gepachteten Altmühlfischwasser auch nicht ein einziger lebender Krebs mehr anzutreffen sei, während er noch vor vier Tagen noch ungefähr einen Viertels-Centner von denselben gefangen habe, ohne an ihnen auch nur im geringsten eine Spur von Krankheit zu bemerken. Auf dieses hin wurde am 17. mittelst Kahn das genannte Fischwasser befahren und die Angaben des Herrn, welche stark angezweifelt wurden, in vollem Umfang bestätigt gefunden. Mit einem großen Leichenfeld kann das Bett des Altmühlgrundes verglichen werden.«

Fieberhaft suchte man nach der Ursache der geheimnisvollen Krankheit und nach möglichen Gegenmaßnahmen, um dem Krebssterben ein Ende zu bereiten. Aber selbst die Identität des Erregers blieb lange unklar. Zunächst wurde ein Bakterium vermutet, bevor 1906 der Fadenpilz *Aphanomyces astaci* entdeckt und als Ursache der Erkrankung angenommen wurde. Allerdings dauerte es noch fast dreißig Jahre, bis der eindeutige Nachweis gelang.

Um die Krebsfischerei zu retten, hatte man währenddessen nach Spezies gesucht, die immun gegen die Seuche sind. Dabei war man in Nordamerika fündig geworden. 1890 wurden deshalb von einem Fischzüchter hundert amerikanische Kamberkrebse importiert und in mehreren Zuchtteichen im Odergebiet ausgesetzt. Später sollten noch andere Arten amerikanischer Krebse dazukommen und bis heute sind insgesamt fünf verschiedene amerikanische Flusskrebsarten bei uns heimisch geworden. Tatsächlich erwies sich der Import der »Amerikaner« aber als fataler Fehler. Denn, wie sich zeigen sollte, stammte auch der Krankheitserreger selbst aus Amerika und war – wahrscheinlich mit Ballastwasser, vielleicht auch mit dem Import amerikanischer Krebse – von dort nach Europa verschleppt worden. Der Kamberkrebs, der sich schnell in ganz Deutschland verbreitete, ist zwar selbst immun gegen die Erkrankung, verbreitete den Erreger aber weiter und sorgte so dafür, dass auch bisher nicht befallene Bereiche infiziert wurden. Bis heute hat sich unser einheimischer Flusskrebs deshalb nicht von dem bereits mehr als ein Jahrhundert zurückliegenden Seuchenzug erholt und da, wo uns heute Flusskrebse begegnen, handelt es sich meist um amerikanische Arten wie den Kamberkrebs, den Signalkrebs oder den Roten Amerikanischen Sumpfkrebs.

Bei der Paarung ist man(n) nicht zimperlich

Der Edelkrebs bevorzugt sommerwarme nährstoffreiche Gewässer, deren Böden nicht zu schlammig sind. Wichtig für ihn sind sauberes Wasser und Versteckmöglichkeiten, in denen er sich tagsüber aufhalten kann. Das können Wurzelstöcke, Steine oder auch selbst gegrabene Höhlen in der Uferböschung sein. Ein gutes Krebsgewässer sollte außerdem einen guten Bestand an Wasserpflanzen haben, da vor allem die Jungtiere dort Zuflucht finden. Bietet ein Gewässer all dies und wurde von der Krebspest verschont, kann man die Krebse gegen Abend aus ihren Verstecken kommen sehen, wenn sie auf Nahrungssuche gehen. Dabei sind sie nicht sonderlich wählerisch: Würmer, Insekten, Schnecken und Muscheln, aber auch Fische und Frösche stehen genauso auf ihrem Speiseplan wie Wasserpflanzen aller Art.

Im Herbst, etwa ab Mitte Oktober, beginnt für den Flusskrebs die Paarungszeit. Die Männchen machen sich jetzt auf die Suche nach einer Partnerin. Ganz im Liebesrausch kann man sie – alle Gefahren ignorierend – auch tagsüber auf Freiersfüßen wandeln sehen. Hat der Krebsmann schließlich ein passendes Weibchen gefunden, zeigt er sich wenig »gentlemanlike«. Möglichst rasch versucht er seine Auserwählte – ungeachtet ihrer Gegenwehr – auf den Rücken zu drehen und über sie zu steigen, um bis zu einen Zentimeter lange Spermapakete zwischen den Geschlechtsöffnungen an der Bauchseite des Weibchens anzuheften. Erst einige Wochen später kommt es zur Eiablage. Nachdem das Weibchen zunächst sorgfältig seine Bauchseite gereinigt hat, beginnt es mit speziellen Drüsen einen dünnflüssigen Schleim zu produzieren, der bei Berührung mit dem umgebenden Wasser zu einer elastischen Haut erhärtet. So entsteht an der Unterseite des Weibchens eine schleimgefüllte Legekammer, in die es etwa 100 bis 300 Eier legt, die von den nun frei werdenden Spermien befruchtet werden. Über den ganzen Winter und das Frühjahr bis Ende Mai oder Anfang Juni tragen die Weibchen die Eier an der Unterseite ihres Hinterleibs und auch nach dem Schlüpfen bleiben die Jungkrebse noch eine Weile bei der Mutter. Nach etwa drei Jahren und mit einer Größe von knapp zehn Zentimetern werden die Jungkrebse selbst geschlechtsreif. Bis dahin müssen sie sich mehrfach häuten, weil der starre Kalkpanzer nicht mitwachsen kann, sondern regelmäßig abgestreift werden muss. Dieser Vorgang, der im ersten Lebensjahr achtmal, später seltener vor sich geht, ist jedes Mal ein ungemein gefährliches Ereignis für den Krebs, der seinen Feinden direkt nach der Häutung fast schutzlos ausgeliefert ist.

In Deutschland eine Seltenheit

Die aktuellen Vorkommen des Edelkrebses sind zwar auf das gesamte Bundesgebiet verteilt, doch handelt es sich meist um kleine isolierte Restpopulationen oder neu begründete Bestände. Aus den Gewässern des Tieflands, insbesondere den größeren Flüssen, ist der Edelkrebs nahezu vollständig verschwunden. Häufiger ist er dagegen in den Mittelgebirgen sowie im bayerischen Voralpenland, wo es noch relativ reiche Bestände dieses früher so häufigen Tieres gibt. Um diese zu schützen und dem einheimischen Edelkrebs langfristig eine Chance zu geben, ist es nicht nur notwendig, die für ihn geeigneten Lebensräume zu bewahren. Vielmehr muss auch einer weiteren Ausbreitung nicht einheimischer Arten entgegengewirkt und der Lebensraum des Edelkrebses durch gezielte Ansiedlungsmaßnahmen erweitert werden.

Sollte dies gelingen, könnten Edelkrebse in Zukunft wieder ein weitaus häufigerer Anblick in unseren Bächen und auf unseren Tellern werden. Denn bei gesunden Beständen spricht nichts gegen eine nachhaltige Nutzung der schmackhaften Tiere, die übrigens auch als Heilmittel Verwendung finden. Bereits der eingangs erwähnte Johann Friedrich Wilhelm Herbst berichtet in seiner Naturgeschichte der Krabben und Krebse davon, dass vor allem die sogenannten Krebssteine oder Krebsaugen (»Oculi cancrorum«) allerlei medizinischen Nutzen hätten. Bei diesen ominösen Steinen, denen bisweilen fast magische Kräfte angedichtet wurden, handelt es sich um Kalkabscheidungen, die der Krebs vor einer Häutung in seinem Magen bildet und nach der Häutung wieder abbaut. So kann zumindest ein Teil des Kalks des alten Panzers wieder genutzt werden. Auch wenn Krebssteine in der Schulmedizin keine Rolle mehr spielen – in der Homöopathie werden sie noch heute geschätzt.

Michael Apel

Der Eisvogel – Noahs fliegender Edelstein

Wie kommt der exotisch aussehende kleine Flitzer nur zu seinem absurden Namen. Kann es sein, dass der Eisvogel eiskalte Bäche besonders schätzt? Wohl kaum. Oder, dass er in eisigen Wintern zur Hochform aufläuft? Im Gegenteil: Harte Winter sind für Eisvögel lebensgefährlich. Nein, des Rätsels Lösung liegt wieder einmal in der Sprachgeschichte: »Eisan« heißt im Althochdeutschen ganz einfach »schillern«, »glänzen«. Eine andere Theorie besagt, dass sein Name auf »Eisen« zurückzuführen ist, denn stahlblau ist sein Rückengefieder und rostrot sein Bauch.

Im Tiefflug über's kühle Nass

Doch so schillernd soll der spatzengroße Winzling nicht immer gewesen sein, wie eine Legende aus Frankreich erzählt: Als Noah mit seiner Arche schon reichlich lange über die Wasserwüste getrieben war, schickte er bekanntlich eine Taube mit dem Auftrag aus, sie möge sich umsehen, wo man schon wieder Land betreten könne. Und da wichtige Aufgaben am besten doppelt besetzt sind, schickte er auch noch den Eisvogel auf Suchflug, ein damals noch unscheinbar graues Vögelchen. Aber der Kleine hatte Pech: Er geriet auf seiner Mission in einen fürchterlichen Sturm. Wäre er nicht schnellstens nach oben ausgewichen, wäre er wohl von den aufgepeitschten Wellen zerschmettert worden. Doch als er eine Weile über den Himmel geflattert war, stellte er fest, dass das Himmelsblau auf seine Federn abgefärbt hatte. Und als bald darauf die Sonne aufging und er neugierig auf sie zuflog, färbte das Sonnenrot auch noch seinen Bauch. Der frisch kolorierte Eisvogel wollte nun schleunigst zu Noah zurückfliegen und Bericht erstatten, doch der hatte mittlerweile seinen Kahn auf Land gesetzt und war folglich auf dem Wasser nirgends mehr zu finden. Und so kommt es, dass der Eisvogel noch heute suchend übers Wasser fliegt und nach Noah ruft.

Wer einen Eisvogel rufend einen Bachlauf entlangschwirren sieht, darf davon ausgehen, dass er weniger nach Noah als vielmehr nach einem Weibchen sucht. Hat er sie endlich gefunden, gibt sie sich zunächst mal spröde und weicht ihm aus. In wilden Verfolgungsjagden hetzen die beiden übers Wasser und durchs Gebüsch bis hinauf in die Baumkronen. Doch allmählich lässt sie ihn näher an sich heran, und schließlich hat er Gelegenheit, balzend seine

Qualitäten als Familienernährer anzupreisen: Mit zitternden Flügeln bettelt sie um Futter, als wäre sie ein unfertiges Küken, während er emsig Fischchen herbeiträgt und ihr mit einer kleinen rituellen Verbeugung überreicht.

Wohnungsbau in Teamarbeit

Eisvögel graben Bruthöhlen in senkrechte oder sogar leicht überhängende Abbrüche aus Lehm oder festem Sand, am liebsten direkt am Wasser. Hier sind die Eier, die brütenden Vögel und die Jungen vor Raubfeinden einigermaßen sicher. Aber wie hoch und an welcher Stelle die Nisthöhle in die Wand getrieben werden soll, darüber müssen sich die beiden erst einigen. Wenn man ein Eisvogelpaar vor seiner auserkorenen Brutwand auf einem Zweig sitzen sieht, könnte man meinen, sie grübeln über den idealen Bauplatz.

Den ersten Vorschlag macht meist das Männchen. Es fliegt plötzlich los, bleibt vor der Wand im Rüttelflug in der Luft »stehen« und pickt an einer bestimmten Stelle, die es für besonders geeignet hält, in die nackte Erde. Bald arbeitet auch das Weibchen – sofern der Vorschlag akzeptabel war – auf der Baustelle mit. In Teamwork hacken die beiden auf die Wand ein, bis schließlich die Vertiefung groß genug ist, um den Füßen Halt zu geben. Von jetzt an ist die Arbeit einfacher. Einer pickt die Erde los und scharrt sie im Rückwärtsgang ins Freie, der andere schiebt Wache. Ist der Gang etwa armlang, legen die Vögel am hinteren Ende einen erweiterten Hohlraum an, einen Kessel, der später das »Kinderzimmer« wird. Bis zu drei Wochen kann es dauern, bis die Brutröhre fertig ist.

Nach knapp drei Wochen Brutzeit arbeiten sich die Küken aus ihren Eierschalen. Anfangs sitzen die nackten, blinden Zwerge noch auf dem bloßen Höhlenboden, doch bald schon hat sich aus den ausgewürgten Überresten ihrer Mahlzeiten, aus Schuppen, Gräten und Insektenpanzern, ein weiches Polster gebildet – allerdings mit etwas strengem Odeur.

Bei der Aufzucht der Jungen scheinen Eisvögel nach der Devise vorzugehen »gleiche Chancen für alle«: Während bei anderen Vogeleltern oft der größte Schreihals die meisten Happen bekommt, funktioniert das bei Eisvögeln ganz anders: Das Junge, das dem Tunneleingang am nächsten sitzt, wird gefüttert. Hat es sein Fischchen bekommen, rückt es nach hinten und lässt das nächste Geschwister zur Futterausgabe vor. Reihum wie in einem Karussell kommt jedes Küken dran, keines wird benachteiligt, keines wird übergangen.

Ein Eisvogelpaar mit Jungen ist fast pausenlos auf Futtersuche unterwegs: An die hundert Fischchen, Libellenlarven oder Kaulquappen müssen die beiden täglich fangen, um ihre Brut satt zu bekommen. Das bedeutet im Schnitt drei- bis fünfmal so viele Tauchgänge wie Beutetiere, denn längst nicht jeder ihrer Sturzflüge ins Wasser ist erfolgreich.

Eisvogel *(Alcedo atthis)*

Wissenswertes__Die Renaturierung naturferner Gewässerabschnitte und Maßnahmen gegen die Verschmutzung von Bächen und Flüssen haben den Bestand an Eisvögeln auf einem niedrigen Niveau stabilisiert. Wer den herrlichen Vogel beobachten will, sollte einen Winterspaziergang entlang eisfreier Fließgewässer unternehmen.

Bemerkenswertes__Ein Leben voller Gefahren führt dazu, dass nur wenige Eisvögel ihren dritten Geburtstag »feiern« können.

In guten Jahren, wenn es weder zu trocken noch zu regnerisch ist, wenn das Wasser klar ist und reichlich Wasserinsekten und Kleinstfischchen zu finden sind, ziehen Eisvögel bis zu drei Bruten auf. Ein Paar kann also in einem einzigen Sommer zwanzig Junge haben! Droht da womöglich eine Eisvogelschwemme? Wohl kaum. Nur weil die blauen Flitzer so fruchtbar sind, können sie die gewaltigen Verluste ausgleichen, mit denen jederzeit zu rechnen ist. Achtzig Prozent der ausgeflogenen Jungvögel sterben, noch bevor sie selbst zum ersten Mal gebrütet haben. In Regenwochen werden viele Jungen in einstürzenden Brutröhren verschüttet, in zu heißen Sommern trocknen die Nahrungstümpel aus, bei Hochwasser ist das Wasser so schlammig und trüb, dass die Altvögel ihre Beute nicht erkennen können, und in strengen Wintern frieren die Fischgründe der kleinen Jäger zu. Bis zu neun Zehntel eines Bestandes können in harten Jahren ausgelöscht werden. Nur wenige Eisvögel erleben ihren dritten Geburtstag.

Wer schön ist, lebt gefährlich

Noch im 19. Jahrhundert waren die blau schillernden Schönheiten zudem auch durch ihre menschlichen Bewunderer gefährdet: Eisvogelfedern waren damals ein begehrter Schmuck von Damenhüten, und Tausende Vögel wurden getötet, um aus den Federn künstliche Fliegen für Angler herzustellen. Unsere Ahnen waren außerdem überzeugt, dass Eisvögel magische Kräfte besäßen und fingen die Vögel, um sich ihre angebliche Zauberkraft zunutze zu machen: Talismane aus Eisvogelfedern und -bälgen galten als sicherer Schutz gegen Blitzschlag. Mumifizierte Vögel, an einem Faden aufgehängt, dienten als Kompass oder auch nur als Abwehrmittel gegen Motten. Und mit einem Eisvogelherzen um den Hals fühlte sich der Träger sicher vor Gift und Not.

Doch weder Kältewinter noch Hitzesommer, weder Aberglaube noch Verfolgung konnten den Eisvogel an den Rand des Artentodes drängen. Erst die Begradigung der Flüsse und Bäche, in deren Folge die insektenreichen Nahrungstümpel, die Fischlaichplätze und die Brutwände verschwanden, haben den Eisvogel in schwere Bedrängnis gebracht. Schon 1973 wurde er zum »Vogel des Jahres« ernannt, und 2009 ist ihm zum zweiten Mal dieser Ehrentitel verliehen worden – diesmal aber mit einem hoffnungsvollen Kommentar: Dank ausgetüftelter Schutzmaßnahmen haben sich die Bestände des Eisvogels stabilisiert – wenn auch auf einem niedrigen Niveau.

Veronika Straaß

Die Flussperlmuschel – ein Methusalem für die Klimaforschung

Flussperlmuscheln können weit über hundert Jahre alt werden. Damit gehören sie zu den Tieren mit der höchsten Lebenserwartung. Ihre dicken Schalen sind deshalb hervorragend geeignet, um Veränderungen der Umwelt und des Klimas über längere Zeiträume zu rekonstruieren. Eine Arbeitsgruppe an der Universität Frankfurt beschäftigt sich daher bereits seit einigen Jahren damit, anhand von Muscheln aus alten Museumssammlungen einen Blick zurück in die Klimageschichte vergangener Jahrhunderte zu werfen. Hierzu werden aus den Schalen der Muscheln schmale Streifen herausgeschnitten, angeschliffen und poliert; abschließend werden die Muschelscheiben mit etwas Säure leicht angeätzt. Jetzt zeigen sich, ähnlich wie wir es von Bäumen kennen, Jahresringe, die dem Wissenschaftler viel über die individuelle Lebensgeschichte und die Umweltbedingungen zu Lebzeiten der Muschel verraten. Untersucht man viele Muscheln aus einem Gebiet, die zu unterschiedlichen Zeiten gesammelt wurden, kann man eine Art Klimakalender zusammenstellen. Der Gruppe von Forschern in Frankfurt gelang es so anhand von sechzig Individuen mit überlappenden Lebensspannen, die Sommertemperaturen Skandinaviens von 1777 bis 1992 mit hoher Auflösung und Genauigkeit zu rekonstruieren.

Abwässer und Sammelwut

Kommen wir von der Klimageschichte aber zurück zu dem Tier, das hier vorgestellt werden soll. Die Flussperlmuschel war noch vor etwa einem Jahrhundert ein häufiger Bewohner sauberer Fließgewässer unserer Heimat und die Perlfischerei war in einigen ländlichen Regionen wie dem bayerischen Fichtelgebirge oder dem sächsischen Vogtland durchaus ein Wirtschaftsfaktor. So ist zum Beispiel für das Vogtland, das noch heute vergleichsweise gute Bestände der Flussperlmuschel aufweist, für den Zeitraum zwischen 1719 und 1879 ein Ertrag von knapp 23.000 Muscheln belegt. Rechnet man diesen Wert jedoch auf ein Kalenderjahr um, relativiert sich diese Zahl, denn tatsächlich sind es im Schnitt nicht einmal 150 Perlen pro Jahr. Da die Perlfischerei in Sachsen ein sogenanntes »Kronregal« war, musste der gesamte Ertrag an das sächsische Herrscherhaus abgeliefert werden. Verantwortlich für die »Ernte« der Perlen war dabei ein vom Herrscher eingesetzter »Perlfischer«, der für die Bewirtschaftung der Perlengewässer verantwortlich war. Eines der bedeutendsten Zeugnisse dieser Zeit ist eine aus 177 einheimischen Perlen gefertigte Halskette der Kurfürstin Maria Amalia Augusta, die heute im Grünen Gewölbe zu Dresden besichtigt werden kann.

Tatsächlich blieb die einheimische Perlfischerei in ihren Erträgen aber immer hinter den hohen Erwartungen der Fürsten zurück und konnte die Nachfrage nach Perlen auch nicht ansatzweise befriedigen. Die Situation wurde durch den dramatischen Rückgang der Perlmuschelbestände im 19. Jahrhundert noch verschärft. Hauptursache hiefür war vor allem die aufkommende Industrialisierung und die damit einhergehende Verschmutzung der Gewässer. Aber auch vermehrtes Absammeln der Muscheln durch Perlräuber und die Mitte des 19. Jahrhunderts aufkommende Perlmuttschleiferei trugen zum Niedergang der einst reichen Bestände bei.

Heute gehört die Flussperlmuschel in Deutschland zu den vom Aussterben bedrohten Tierarten; größere Bestände finden sich nur noch in Bayern und Sachsen. Die Muschel stellt hohe Ansprüche an die Wasserqualität und benötigt kühle, nährstoff- und kalkarme, sauerstoffreiche Gewässer. Grundsätzlich kommen hierfür Bäche, Flüsse oder Ströme, beispielsweise die Wolga, in Betracht. In Deutschland ist ihr Vorkommen aber mittlerweile auf die Forellenregion der Mittelgebirge beschränkt; dort findet sie die dringend benötigten feinkiesigen Bachbetten vor, auf denen sie als Filtrierer von kleinen organischen Partikeln und abgestorbenem Material lebt.

Ohne Bachforellen geht es nicht

Die Fortpflanzung der Muscheln verläuft ausgesprochen kompliziert. Im Frühsommer entlassen die erwachsenen männlichen Muscheln ihre Samenzellen ins Wasser. Diese werden von den Weibchen mit dem Atemwasser eingestrudelt und befruchten die Eier, die in den Kiementaschen der werdenden Mutter zu kleinen Larven, den sogenannten Glochidien, heranreifen. Im Spätsommer stößt das Weibchen die Larven in Millionenstärke aus. Die parasitischen Glochidien sind nun darauf angewiesen, einen geeigneten Wirt zu finden, um über den Winter ihre Entwicklung zur Jungmuschel durchzuführen. In unseren Gewässern sind dies ausschließlich Bachforellen, in deren Kiemengewebe sich die Muschellarven einkapseln. Im Frühjahr verlässt die Jungmuschel ihre ungewöhnliche Kleinkinderstube und sucht sich ein neues zu Hause. Die porenreichen Kiese des Gewässerbodens sind für sie eine ideale Umgebung, um dort einige Jahre zu verbringen. Erst mit einer Länge von etwa zwei bis drei Zentimetern und einem Alter von vier bis sieben Jahren kommt die Muschel an die Oberfläche des Gewässergrunds und erreicht nach etwa 15 bis 20 Jahren die Geschlechtsreife.

Flussperlmuschel *(Margaritifera margaritifera)*

Wissenswertes__Die Flussperlmuschel ist vom Aussterben bedroht. Zum Niedergang der Bestände trug neben der Gewässerverschmutzung auch der Perlenraub bei. Sie bevorzugt kalkarme, saubere und sauerstoffreiche Mittelgebirgsbäche.
Bemerkenswertes__Flussperlmuscheln werden steinalt: Über hundert Jahre ist keine Seltenheit. Ihre Larven entwickeln sich in den Kiemen von Bachforellen. In Sachsen und Bayern war die Perlfischerei ein Vorrecht der Krone.

Nicht zuletzt dieser komplizierte Vermehrungszyklus und die Abhängigkeit der Flussperlmuschel von der Bachforelle als Wirt machen eine Wiederansiedlung der Muschel schwierig. Die in vielen Gewässern eingesetzten aus Nordamerika stammenden Regenbogenforellen werden von den einheimischen Muscheln als Wirte nicht akzeptiert und in Gewässern ohne ausreichende Bachforellenpopulation findet keine Vermehrung der Muscheln statt. Wegen ihrer Langlebigkeit fällt dies allerdings erst nach Jahrzehnten auf und in vielen Bächen, die auf den ersten Blick gute Bestände aufweisen, zeigt sich bei genauerem Hinschauen, dass die Population hoffnungslos überaltert ist.

Die Flussperlmuschel ist damit ein schönes Beispiel für die innige Vernetzung in der Natur. Verschwindet die Bachforelle aus einem Gewässer, hat auch die Flussperlmuschel keine Chance zu überleben. Da solche engen, im Laufe von Jahrmillionen entstandenen Beziehungen in der Natur nicht selten sind, kann jeder Eingriff und jeder Verlust einer Art ungeahnte weitere Verluste nach sich ziehen.

Ob die Flussperlmuschel bei uns eine Zukunft hat, wird von verschiedenen Faktoren abhängen. Neben dem konsequenten Schutz geeigneter Gewässer ist dabei unter anderem die zukünftige Klimaentwicklung von Bedeutung. Zu heiße Sommer und damit einhergehende Sauerstoffkrisen könnten den Muscheln an ihren heutigen Standorten zusätzlich zu schaffen machen und wie eingangs erwähnt in den Schalen der Tiere ihre dauerhaften Spuren hinterlassen.

Michael Apel

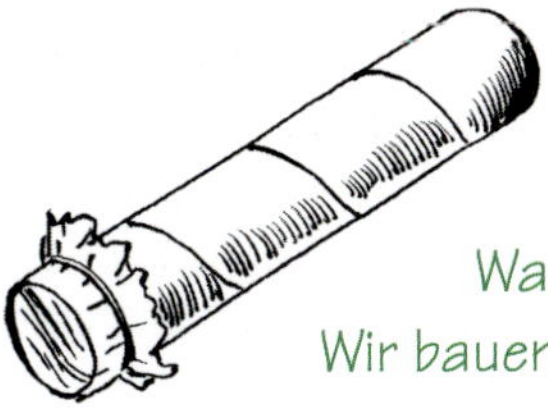

Was tummelt sich unter Wasser?
Wir bauen eine Teichlupe

Wasser ist voller Leben. Doch was spielt sich in Bach, Teich und Tümpel ab? Welche Tiere und Pflanzen sind dort zu Hause? Mit einer selbst gebastelten Teichlupe kann man Licht ins Dunkel bringen, Wassertiere und Wasserpflanzen in ihrer natürlichen Umgebung beobachten.

Was man dazu braucht

Die Anfertigung einer solchen Teichlupe ist kinderleicht und obendrein sehr günstig. Alles was man benötigt, ist eine feste, möglichst lange Papprolle (hier bietet sich eine leere Rolle Küchenpapier an), eine stabile Klarsichtfolie, etwas Klebeband und einen Gummi.

Und so wird's gemacht

– Die Rolle mit Folie bespannen. Anschließend die Folie mit dem Klebeband und dem Gummi fixieren (siehe Zeichnung). Und schon kann's losgehen!

☞ Auf dem Bauch liegend lässt man die Lupe ins Wasser gleiten und schon taucht man buchstäblich ein in eine andere Welt.

Wer neugierig geworden ist, findet in folgenden Büchern weitere Erlebnis-, Bastel- und Spielideen rund um das Element Wasser:

Christian Bouchardy
Am Teich: Tiere, Spiele, Pflanzen, Ausrüstung. Ensslins Naturführer.
Arena Verlag, Würzburg, 2001

Antje Neumann, Burkhard Neumann
Wasserfühlungen. Das ganze Jahr Naturerlebnisse an Bach und Tümpel – Naturführungen, Aktivitäten und Geschichtenbuch.
Ökotopia, Münster, 2003

Die Gebänderte Prachtlibelle – ein Flugakrobat mit Rückwärtsgang

Die Libellen als allgemein bekannte Flugakrobaten galten bei den Kelten als fliegende Drachen (engl. *dragonfly* = Drachenfliege), deren kleinere Vertreter sogar Feen und Elfen auf ihrem Rücken transportiert haben. In der germanischen Mythologie begleitete die Libelle die Lichtgöttin Frigga, was ihr Zugang zu den Weisheiten und Kontakt mit den Verstorbenen ermöglichte. Libellen wurden oftmals in Elfengestalt dargestellt, wobei insbesondere die Quelljungfern als Vorlage dienten. Ihre diabolische Wertzuweisung erfuhren sie vermutlich aus der Verteufelung der alten Mythen durch das Christentum. Dies spiegelt sich in Namen wie »Teufelsnadeln«, »Satansbolzen« und »Augenstecher« wider. Auch der Name »Teufelspferd« rührt möglicherweise noch aus dem Glauben, dass die Feendrachen die zarten Geister auf ihrem Rücken von Ort zu Ort brachten. Bis heute hat sich die unsinnige Mähr gehalten, dass Libellen stechen können, man sich also vor ihnen in Acht nehmen muss. Zwar besitzen die Weibchen der meisten Libellenarten einen Legestachel, mit dem sie die Eier in das Pflanzengewebe einbohren, doch wird dieser nie zur Abwehr oder gar zum Angriff eingesetzt.

Flugkünstler mit metallischem Glanz

Unter den Fluginsekten sind die Libellen sehr urtümlich. Gemeinsam mit den im Fluge unbeholfenen Eintagsfliegen besitzen sie einen ursprünglichen Flugapparat. Seine recht unsichere Funktionalität gleichen sie durch den langen Hinterleib aus. Im Gegensatz zu den anderen fliegenden Kerbtieren können sie jeden Flügel einzeln bewegen und sogar rückwärts fliegen. Ihre Flugmanöver, besonders beim Beutefang und bei den Rivalenkämpfen, sind einzigartig. Ihre Augen, die aus weit über tausend einzelnen Elementen, den Facetten, bestehen und ein fast homogenes Rasterbild ergeben, ermöglichen es ihnen, sogar wendige Tiere wie Fliegen zu erbeuten. Diese fangen sie im Flug in einem Fangkorb, den sie mit ihren Beinen bilden. Der flugstabilisierende lange Hinterleib macht jedoch eine komplizierte Paarung notwendig.

Die Gebänderte Prachtlibelle ist ein typischer Bewohner der ruhigen Bäche und Flüsse, aber auch der Brandungszone großer Seen. Sie fällt durch

Gebänderte Prachtlibelle *(Calopteryx splendens)*

Wissenswertes__Von Mai bis September ist das Fluginsekt zu beobachten. Es bevorzugt fließende, saubere Gewässer mit krautigen Ufersäumen. In der Roten Liste Deutschlands wird die Libelle auf der Vorwarnstufe geführt, wofür die Verschmutzung der Gewässer hauptverantwortlich ist.
Bemerkenswertes__Das Männchen trägt ein auffallendes, blaues Flügelband. Vor und während der Paarung bilden die Partner »artistische« Figuren wie ein Tandem oder ein Paarungsrad.

die metallische Färbung des Körpers auf. Die metallisch-blaugrünen Männchen besitzen ein auffälliges breites blaues Band auf den Flügeln; die Basis und die Spitze der Flügel sind hingegen transparent. Die Weibchen schillern grünlich, ihre Flügel sind vollkommen durchsichtig.

Die Prachtlibelle gehört zu den Kleinlibellen (engl. *damselfly* = Jungfernfliege, Seejungfer), die durch einen querstehenden Kopf mit weit voneinander entfernten Augen charakterisiert sind. Im Gegensatz zu den rundköpfigen Großlibellen können sie ihre Flügel nach oben zusammenlegen. Die Männchen besetzen an den Gewässerrändern zur Hauptflugzeit in den Monaten Juni und Juli meist festgelegte Territorien, die sie von einer Warte aus bewachen, wobei sie durch ruckartiges Bewegen der auffälligen Flügel ihren Anspruch deutlich machen. Immer wieder kommt es zu Rivalenkämpfen, bei denen Verfolgungsjagden an der Tagesordnung sind. Nicht selten gibt es dabei einen »lachenden Dritten« und die Kämpfer gehen leer aus.

Wenn die Fortpflanzung zur Schwerstarbeit wird

Nähert sich ein Weibchen, so wird dieses im Fluge heftig umworben. Sobald es sich niederlässt, muss das Männchen schnell reagieren: Mit seinen zangenförmigen Anhängen an der Hinterleibsspitze wird das Weibchen von oben hinter dem Kopf gepackt, einem Bereich, der dafür artspezifisch ausgeformt ist. In dieser sogenannten Tandemstellung – Männchen vorn, Weibchen hinten – können beide Partner aneinandergekoppelt umherfliegen. Vor der eigentlichen Paarung muss das Männchen den Kopulationsapparat, der sich im vorderen Körperbereich, direkt hinter den Beinen befindet, mit Sperma füllen. Dazu wird die Spitze des Hinterleibs, wo der Samen austritt, im Sitzen nach vorne gekrümmt. Männchen und Weibchen sind währenddessen immer noch miteinander verbunden. Ist der Apparat gefüllt, streckt das Männchen den Hinterleibsstiel wieder. Dafür biegt nun das Weibchen seine Hinterleibsspitze nach vorne, um sie am Kopulationsapparat des Männchens zu verankern. Nun wird das Sperma auf das Weibchen übertragen. Diese akrobatisch anmutende Stellung wird Paarungsrad genannt.

Die Eiablage erfolgt meist unmittelbar nach dem Geschlechtsakt und der Trennung der Partner. Das aufgeregt umherflatternde Männchen weist dem Weibchen den Eiablageort zu. Während das Weibchen die Eier mit ihrem Legebohrer in das Gewebe von flutenden Wasserpflanzen – meist die Schwimmblätter des Wasserhahnenfuß – einbohrt, bewacht das Männchen die Szenerie. Bisweilen kann das Weibchen zur Eiablage sogar vollständig untertauchen.

Aus den Eiern schlüpfen winzige Erstlarven, die sich bald häuten. Daran schließt sich eine meist zweijährige Entwicklungszeit an: Die Larven staksen auf ihren langen Beinen im Wasser zwischen der Vegetation der Uferböschungen umher. Sie besitzen lange Antennen und drei lange kiemenartige Schwanzanhänge. Mit ihrer vorschnellenden Unterlippe, der sogenannten Fangmaske, erbeuten sie kleine Wasserinsekten, Krebse und Würmer. Nach zahlreichen Häutungen verlassen sie das Wasser und häuten sich in der Ufervegetation zur ausgewachsenen Libelle. Dieser Vorgang verläuft sehr rasch und es erscheint wie ein Wunder, dass aus der schmalen hochbeinigen Larve ein so prächtiges Fluginsekt schlüpft.

Ernst-Gerhard Burmeister

Der Laubfrosch – ein perfekter Kletterer mit wechselndem Gewand

Es ist noch gar nicht lange her, da hatten Laubfrösche einen festen Arbeitsplatz in den Kinderzimmern: Sie saßen zuhauf in Einmachgläsern und kletterten die kleine Leiter auf und ab, die als einziges Mobiliar ihr Glas bereicherte. Der Himmel weiß, wer auf die Idee gekommen ist, aus der Sitzhöhe des Frosches Rückschlüsse auf das Wetter der nächsten Tage zu ziehen. Tatsache ist, dass Laubfrösche immer klettern, egal ob Wolkenbrüche oder Hitzewellen zu erwarten sind. Schließlich gehören sie zur Familie der Baumfrösche, und was hätte ein Baumfrosch auf dem Boden verloren? Nichts.

Die Zeit der froschbesetzten Einmachgläser ist längst Vergangenheit – zum Glück. In den 1970er-Jahren waren Laubfrösche zunächst selten, dann sogar bedroht. Wo das Land mit Agrargiften und Kunstdünger gebeizt wird, wo Kreiselmäher die Wiesen mehrmals im Jahr bis auf den Boden kahl scheren, wo jede feuchte Senke ausgetrocknet und jeder Bach zur Rinne degradiert wird, können sie nun mal nicht überleben. Laubfrösche verabscheuen Chemie und sie brauchen eine gewisse Dosis Unordnung – wie viele andere Lebewesen auch. Wo noch Laubfrösche leben, quaken und sich vermehren, ist auch die Zukunft anderer seltener Tierarten gesichert. Sie sind zu Schutzheiligen vieler naturbelassener Lebensräume geworden.

Quaken, was die Schallblase hergibt

Ob es in einem Auwaldstreifen oder in einer Kiesgrube noch Laubfrösche gibt, lässt sich kinderleicht feststellen. Die Froschmänner veranstalten in warmen Frühlingsnächten nämlich einen derartigen Höllenlärm, dass ihr »äpp äpp äpp« noch in zwei Kilometern Entfernung zu hören ist. Die knapp streichholzschachtelgroßen Fröschchen entfalten eine solche Stimmgewalt, dass Wissenschaftler in einem halben Meter Entfernung von einem quakenden Froschmann 87 Dezibel gemessen haben! Das entspricht der Lautstärke eines vorüberfahrenden Lastwagens.

Quakende Laubfroschmänner spielen ein riskantes Spiel: Wer die Klappe so weit aufreißt, fällt natürlich nicht nur den umworbenen Weibchen, sondern auch hungrigen Feinden auf. Aber die besten Chancen bei der

Laubfrosch *(Hyla arborea)*

Wissenswertes__Der Laubfrosch gilt als stark gefährdet. Die Gründe sind vielfältig: Gewässerverschmutzung, Überdüngung oder Maßnahmen des Wasserbaus wie die Trockenlegung von Feuchtgebieten. Die beste Beobachtungszeit ist der Sommer; hier verrät er sich regelmäßig durch nächtliche Gesangesproben.

Bemerkenswertes__Der Wetterbote klettert selbst Glaswände hoch – »Haftzehen« machen dies möglich.

Weiblichkeit haben nun mal die Quaker mit der lautesten Stimme (unter Laubfröschen gilt Damenwahl) und die schlimmste Strafe in der Tierwelt scheint nicht der Tod zu sein, sondern Kinderlosigkeit. Es hilft also nichts: Sie müssen weiterquaken, was die Schallblase hergibt, und sei es unter Lebensgefahr.

Kaum hat ein Männchen bei einem Weibchen Anklang gefunden, stellt es seinen riskanten Minnegesang ein und kommt zum eigentlichen Zweck der Darbietung: Es umklammert die Dame huckepack mit den Vorderbeinen und lässt sich von ihr die nächsten Stunden oder sogar Tage herumschleppen – bis endlich der große Augenblick gekommen ist: In einem Akt genau aufeinander abgestimmter Teamarbeit geben beide gleichzeitig Laich und Samen ab.

Von der Quappe zum Minifrosch

Wie schnell aus den gallertigen Laichklümpchen die Kaulquappen schlüpfen und wie schnell aus den Quappen Fröschchen werden, kommt vor allem darauf an, wie viel Wärme der Nachwuchs bekommt. In sonnenbeschienenen flachen Kiesgrubentümpeln sind die Kleinen schon nach fünfzig Tagen fertig zum ersten Landgang; in kühleren schattigeren Tümpeln dagegen kann ihre Entwicklung bis zu achtzig Tage dauern.

Kaulquappen scheinen nur eines im Sinn zu haben: fressen, fressen, fressen. Pausenlos raspeln sie mit ihren Hornkiefern Algenrasen von Steinen und Wasserpflanzen, beknabbern die Leichen ertrunkener Insekten und durchwühlen den Schlamm nach Verwertbarem. Anfangs sind die Ansätze der Hinterbeine nur als winzige reglose Anhängsel an der Schwanzwurzel zu erkennen, doch ganz allmählich strecken sie sich, Zehen und Gelenke zeichnen sich ab und schließlich strampeln die Hinterbeine emsig mit, wenn die Kaulquappe sich durch den Bodenschlamm oder das Wasserpflanzengewirr arbeitet. In dieser Zeit verliert sie allmählich auch ihre unförmige Tropfengestalt; der ruderschwanzbestückte Klops wird allmählich ein kleiner Frosch, dessen Vorderbeine schon deutlich durch die Brusthaut schimmern. Auch diese Hauthülle platzt eines Tages und gibt die Arme frei, und nur der Ruderschwanz erinnert noch eine Zeit lang an das Kaulquappendasein.

Übrigens wirft ein Jungfrosch seinen Schwanz nicht etwa ab, wie es oft zu lesen ist. Das wäre reine Materialverschwendung und damit buchstäblich unnatürlich; Recycling ist das oberste Gesetz der Natur. Der überflüssig gewordene Kaulquappenschwanz wird vielmehr nach und nach eingeschmolzen, seine »Bausteine« werden anderswo im Körper wieder eingebaut und verwertet.

Hat der Minifrosch sein wässriges Kinderzimmer hinter sich gelassen, bekommt man ihn kaum noch zu Gesicht. Erst in der Dämmerung wird er munter und macht sich auf die Jagd nach allem, was in der Größe passt und sich bewegt. Seine Jagdmethode ist denkbar einfach: Maul aufklappen, Zunge losschnalzen lassen, Fliege, Mücke, Käfer oder Spinne ankleben und die futterbefrachtete Zunge wieder einholen. Fertig.

Extremklettern nach Frosch-Manier

Die Nacht ist die große Zeit der Laubfrösche; tagsüber aber sind sie so gut wie unsichtbar. Wie ein angewehtes Blättchen sitzen sie dann grün in grün auf einem Blatt in der Sonne, die Beine unter dem Körper zusammengezogen, und dösen. Wie sie dorthin kommen – auf Blätter, Sträucher oder sogar in Baumkronen – grenzt an Hexerei. Laubfrösche haben nämlich spezielle Haftfinger und -zehen, mit deren Hilfe sie sogar an Glasscheiben hochsteigen können. Unter dem Rasterelektronenmikroskop wird die Feinstruktur der Klebezehen deutlich: Sie bestehen aus einer Unmenge winziger »Säulen« mit bienenwabenförmigem Querschnitt, die dicht an dicht nebeneinander stehend die Oberfläche der Haftzehen ausmachen. Steigt der Frosch eine glatte Fläche hinauf, drückt er die kugeligen Finger- und Zehenspitzen fest an die Unterlage und zieht sie anschließend wieder ein klein wenig davon weg. Der Effekt lässt sich mit dem Andrücken eines Saugnapfes an einer Badezimmerkachel vergleichen: Der Unterdruck aus den vielen Hafteinheiten hält den Frosch selbst an Glasscheiben fest.

Der Laubfrosch der Kinderbücher ist immer grasgrün, doch in Wirklichkeit ist das nur sein Standardkostüm. Laubfrösche können sich nämlich auch schwarz ärgern, erbleichen oder kieselgrau erscheinen. Passen sie sich einfach der Farbe des Untergrundes an? Lange Zeit glaubte man das, aber die Wirklichkeit ist etwas komplizierter. Versuche haben gezeigt, dass nicht die Farbe sondern die Struktur des Untergrundes den Ausschlag gibt: Ist der Sitzplatz glatt (wie ein Blatt), bleibt der Frosch hellgrün. Ist er aber rau (wie Baumrinde), schlägt die Haut des Frosches oft in Braun oder Grau um. Auch die Temperatur spielt eine Rolle: Die Froschhaut ist umso heller, je wärmer es dem Frosch ist. Kühles Wetter dagegen lässt die Frösche verdunkeln. Und schließlich spielt auch die Stimmung noch eine Rolle: Ein Laubfrosch, der gestresst ist – zum Beispiel, weil der Rivale ihm zu dicht auf der Pelle sitzt – wird fleckig. Ein richtig schön grasgrüner Laubfrosch aber gibt zu verstehen, dass bei ihm buchstäblich alles im grünen Bereich ist.

Veronika Straaß

Von Falken, Göttern und Nixen – Tiere und Fabelwesen in Mythos und Märchen

Wenn die Falken über die heiligen Stätten des antiken Athen oder Rom flogen, war es die Aufgabe der Priester, aus den Bahnen ihres Fluges die Zukunft zu lesen. Derart eng verknüpft sah man das Schicksal des Menschen mit den Lebewesen in der Natur, mit den Tieren.

Bereits in den ältesten Mythologien und Religionen wurden Tiere in all ihren vielfältigen und unterschiedlichen Gestalten als Mittler und Boten zwischen dem Alltagsleben der Menschen und der Welt des Jenseits oder den Zwischenreichen des Traums gesehen. Besonders Vögel und Schmetterlinge erschienen mit ihrer Gabe, sich die Weiten des Himmels zu erschließen, in vielen Kulturen als sinnfällige Symbole der Seele des Menschen. Auch auf der primitiv-rituellen Ebene der Naturreligionen hatten gefiederte Tiere eine zentrale Bedeutung: Sie wurden von Schamanen geopfert und dienten als Medium. Das Blut der Opfertiere versetzte den Medizinmann in einen Zustand der Trance oder Ekstase und verschaffte ihm Zugang zu der Welt der Geister und Ahnen. In Südamerika, Afrika, aber auch in den Religionen Asiens ist diese Praxis noch heute verbreitet.

Die tausend Gesichter der Mythen

In symbolreichen Bildern und Geschichten erzählen die alten Schöpfungsmythen von Mächten in Tiergestalt, die aus dem Nichts oder dem Chaos entstanden und als Teil eines machtvollen Kampfes der Gegensätze die Welt erschufen. In der christlichen Schöpfungsauffassung erscheint die Trennung von Himmel und Erde, von Licht und Finsternis, von Gut und Böse als ein mythischer Kampf, in dem die Taube oder der Adler den Kampf mit der Schlange als der Vertreterin der Dunkelheit und der Bedrohung antritt.

Die facettenreiche Sprache des Mythos sprengt die Fesseln der klar begrenzenden logischen Begriffe und deutet in Bildern und Geschichten die Vielschichtigkeit und Widersprüchlichkeit der Erscheinungen der Welt. So tritt das gleiche Tier oft in ganz unterschiedlichen symbolischen und mythischen Zusammenhängen auf.

Der ägyptische Gott Horus, der auch den Beinamen Herr des Himmels trägt, nimmt beispielsweise die Gestalt eines Falken an, der schließlich mit einem Welten- oder Lichtgott gleichgesetzt wird. Das unter dem Einfluss der ägyptischen Kultur stehende Christentum übernimmt mit der Darstellung der Taube als Sinnbild des Heiligen Geistes Aspekte des Horus-Falken.

Die Schlange ist ein weiteres Beispiel für ein Tier mit hohem Symbolgehalt, welches in zahlreichen Kulturkreisen erscheint. Das christliche Sinnbild des »Bösen« wurde zuvor in der germanischen Götterwelt als »Midgard-Schlange«, als Verkörperung des Weltmeeres im Rahmen eines positiven Schöpfungsprinzips verehrt. Im Hinduismus reitet der Gott Vishnu auf der Weltenschlange. Die kluge Schlange war dem antiken Heiler und Arzt Asklepius eine treue Helferin; der Äskulapstab mit der Schlange ist daher noch heute Symbol der Ärzte und der Medizin.

Auch das ägyptische Pantheon ist überaus reich an tiergestaltigen Göttern und Mischwesen. So erscheint der Totengott Anubis als liegender schwarzer Hund oder Schakal. Eine der ägyptischen Vorstellungen vom Kosmos zeigt die Erde (Geb) von der mächtigen Himmelskuh (Schu) überwölbt, die von zwei Widdergottheiten gestützt wird. Den Glück bringenden Skarabäuskäfer verehrten die alten Ägypter als Gott der Morgensonne, der Schöpfung und der Wiedergeburt; aus ihm entstand Re, der Sonnengott.

Im Hinduismus schreibt man zahlreichen Gestalten des Götterhimmels Humor und menschliches Verhalten zu. Einer der populärsten Götter Indiens, Ganesha, tritt beispielsweise als Elefant auf. Er ist Indiens Schutzpatron, verkörpert Gelassenheit und steht für Weisheit und Intelligenz.

Halb Tier, halb Mensch

In ihrer Vielgestaltigkeit und Wandlungsfähigkeit grenzenlos sind mythische Mischwesen wie die Sphinx, der Kentaur oder die Nixe. Die Sphingen tragen als Bewacherinnen der ägyptischen Tempelstraßen auf ihren mächtigen Löwenkörpern einen Menschenkopf. Die Kentauren der antiken Mythologie sind Mischwesen mit einem Pferdeleib, den ein menschlicher Oberkörper krönt. Die Nixen faszinieren schließlich als eine Mischung aus Frau und Fisch und haben die Menschen seit jeher zu Volksepen, Sagen und Märchen inspiriert.

Bereits steinzeitliche Darstellungen zeigen vereinzelt Mischwesen wie den Löwenmenschen, der in der Höhle des Hohlenstein-Stadels im württembergischen Lonetal gefunden wurde. Diese Figur ist vermutlich in der Zeit zwischen 35.000 und 22.000 v. Chr. entstanden. Ein weiteres Beispiel ist eine Zeichnung aus der altsteinzeitlichen Höhle von Lascaux in Frankreich: Sie zeigt einen Menschenkörper, auf dem der Kopf eines Vogels sitzt.

Die Vermenschlichung des Tieres

Tiere wurden jedoch nicht nur als Träger göttlicher Kräfte oder Gottheiten verehrt. In Dichtung und Märchen wurden ihnen immer auch menschliche Wesenszüge und Eigenschaften zuteil. So stehen die Wappentiere Löwe und Adler symbolisch für königliche oder staatliche Macht. Das Lamm erhoben die Christen zum Sinnbild göttlicher Demut. Auch den Evangelisten sind Tierattribute zugeordnet: der Löwe Markus, der Stier Lukas und der Adler Johannes. Die Reihe dieser Symbole scheint unendlich, denn die

Kunst und Dichtung hat sich ihrer stets bedient, um in der Natur und deren Abbildungen Darstellungsmöglichkeiten für nicht erklärbare Zusammenhänge zu finden.

Das Übertragen von menschlichen Tugenden und Lastern auf Tiere kannte bereits das Altertum. Im frühen 3. Jahrhundert beschreibt ein Tierbüchlein den Affen als dumm und einfältig; Begriffe wie »Affentheater« oder »Affentanz« zeugen heute noch davon. Später diente der Affe auch als Vorlage für Dämonendarstellungen, wie sie häufig an Giebeln mittelalterlicher Kathedralen zu finden sind. Tierbücher dieser Zeit, die Bestiarien, kennen den schlauen Fuchs, den hehren Adler oder die wachsame Gans, deren Geschnatter einst das römische Kapitol vor den gallischen Angreifern rettete.

Fabelhaftes von Äsop bis La Fontaine

Der griechische Dichter Äsop (um 600 v. Chr.) gilt als Begründer der Fabeldichtung, einer der beliebtesten Formen der Dichtkunst. Bereits von den griechischen Vorreitern wurde erzählt, dass sie mit den Tieren sprechen konnten. Berühmt für diese Fähigkeit ist insbesondere der italienische Mönch Franz von Assisi (1182–1226). Noch heute »lauschen« wir gern seinen Gesprächen und halten dabei sehnsuchtsvoll Ausschau nach einer paradiesischen Welt.

Der Wunsch, ja die Fähigkeit, mit Tieren zu sprechen, ist nicht nur in Märchen und Fabeln ein wichtiges Thema. Im Volksglauben der Alpenländer wird die Zeit von Weihnachten bis Drei Könige als die magische Zeit der zwölf Rauhnächte bezeichnet, in denen Geheimnisvolles geschieht. Orakel werden abgehalten, Spukgestalten und Perchten mit wildem Gefolge gehören ebenso zum Kreis des Winterbrauchtums wie die Vorstellung, dass in den Rauhnächten die Tiere sprechen können.

Im Jahre 1220 stellte der Prediger und Fabeldichter Odo von Zeriona eine Fabelsammlung für Predigtzwecke zusammen. Denn »die einfachen Gemüter werden mehr durch Beispiele bewegt als durch Äußerungen der Schriftsteller und deren tiefsinniger Sentenzen«, meinte auch sein Zeitgenosse, der Kardinal Jakob von Vitry. Tierfabeln waren nun einmal ideal, wenn es darum ging die »Moral von der Geschichte« überzeugend zu vermitteln. Als wahrer Meister galt hier der Franzose Jean de La Fontaine (1621 bis 1695), etwa in der berühmten Geschichte vom Fuchs und dem Raben:

Der Fuchs und der Rabe

Herr Rabe auf dem Baume hockt, Im Schnabel einen Käs.
Der Herr Fuchs, vom Dufte angelockt, Ruft seinem Witz gemäß:
»Ah, Herr Baron von Rabe, Wie hübsch Ihr seid, wie stolz Ihr seid!
Entspricht auch des Gesanges Gabe dem schönen schwarzen Feierkleid?

Seid Ihr der Phönix-Vogel unter allen!«
Der Rabe hört's mit höchstem Wohlgefallen,
Lässt gleich auch seine schöne Stimme schallen.
Da rollt aus dem Rabenschnabel der Fraß
dem Fuchs ins Maul, der unten saß.
Der lachte: »Dank für die Bescherung!
Von mir nimm dafür die Belehrung:
Ein Schmeichler lebt von dem, der auf ihn hört.
Die Lehre ist gewiss den Käse wert.«
Der Rabe saß verdutzt und schwor:
Das käm ihm nicht noch einmal vor.

Märchenhaftes vom Froschkönig bis Harry Potter

Märchen waren ursprünglich erfundene Geschichten für Erwachsene. Sie schildern die Entwicklungen ihrer Helden und Heldinnen als Befreiung aus einem Wechselspiel von guten und bösen Kräften. Tiere spielen hier als Helfer und Seelenwesen eine zentrale Rolle. Wenn sich der Held oder die Heldin des Märchens in einer ausweglosen Lage befindet, kommen ihnen meist Tiere zu Hilfe. So sind es in dem Märchen vom »Aschenputtel« Tauben, die das Mädchen bei der schier unlösbaren Aufgabe unterstützen, Linsen aus der Asche zu lesen. Oft verwandeln sich Menschen im Märchen in Tiergestalten, um durch Zauberkraft geläutert wieder ins menschliche Leben zurückzukehren. Im Grimmschen Märchen vom »Froschkönig« verwandelt sich der Frosch in einen Prinzen, im Märchen von »Jorinde und Joringel« nimmt Jorinde die Gestalt einer Nachtigall an, um dann wieder als junge Frau zu erscheinen. Das Faszinierende an den Märchen liegt in ihrer Weisheit und im Wissen um die heilsamen und rettenden Aspekte für die menschliche Entwicklung.

Mittlerweile hat auch die moderne Psychologie den therapeutischen Wert von Märchen erkannt. In Verbindung mit Märchen können Lösungshilfen gefunden werden. Die weisheitsvollen Inhalte, die mit den Tieren und ihrer Symbolkraft verbunden sind, scheinen hilfreich auf das Unterbewusstsein zu wirken. Tiersymbole werden auch genutzt, um den Patienten die besonderen Eigenschaften der Tiere zugänglich zu machen und um die Energie zu nutzen, die von ihnen ausgeht. Mehr noch, tiergestützte Therapien etwa mit Delfinen oder Pferden haben sich bei der Behandlung zahlreicher Krankheiten als erfolgreich erwiesen.

Heutzutage sind es das »Dschungelbuch« von Rudyard Kipling oder Fantasiegestalten wie Donald Duck und Harry Potter, die uns in eine andere, märchenhafte Welt versetzen, in der die Tiere sprechen können. Doch auch moderne Märchen arbeiten mit uralter Tiersymbolik. Bei »Harry

Potter« von Joanne K. Rowling ist es die Eule, der eine symbolbehaftete Rolle zuteil wird. Den nachtaktiven Vogel umgibt in Analogie zu den Zauberkünsten des Hogwarts-Schülers etwas Geheimnisvolles; außerdem gilt die Eule seit alters her als Sinnbild der Weisheit, wie aus der Redensart »Eulen nach Athen tragen« deutlich wird. Die Eule steht bei »Harry Potter« als Symbol für sein Studium, für sein Wissen um geheimnisvolle Kräfte und für seine Cleverness.

Doch selbst wenn die alten Mythen sporadisch wieder aufflackern, scheint es in unserer vernunftorientierten Moderne kaum noch Platz für sie zu geben. Allenfalls als Vorlesestoff für unsere Kinder finden sie bei uns noch Gnade. Doch in unserem Unterbewusstsein ist die Angst vor Dämonen und ihren Kräften nach wie vor präsent. Bei unseren Vorfahren äußerte sie sich in fantasievollen Sagen um Feuer speiende Drachen oder wurde durch das Symbol der Schlange dargestellt. In der heutigen Zeit holt sie uns in Film und Fernsehen ein, wenn Killerhaie oder Monsterschlangen ihr Unwesen treiben. Bei aller Unterschiedlichkeit haben traditionelle Märchen und moderne Horrorfilme jedoch eines gemeinsam: Am Ende der Geschichte wird das Böse von einem strahlenden Helden besiegt und das drohende Chaos einmal mehr gebändigt.

Caroline Ebertshäuser

Der Wasserschlauch – mit Unterdruck auf Beutefang

Von den aufregenden Vorgängen, die sich hier unbemerkt unter der Wasseroberfläche abspielen, ahnt der arglose Betrachter nichts. Dabei geht es um Leben und Tod. Die Pflanze mit den harmlosen, safrangelben Blüten ist nämlich eine äußerst raffinierte Fallenstellerin. Frei schwebend im Wasser, ihrem eigentlichen Lebensraum, legt sie ausgeklügelt konstruierte Fallen aus und fängt damit beachtliche Mengen an winzigen wasserlebenden Tieren.

Diese stellen eine Aufwertung ihres Speisezettels dar, denn so wie alle anderen tierfangenden und fleischfressenden Pflanzenkolleginnen auch, lebt *Utricularia vulgaris*, der Gewöhnliche Wasserschlauch, in einem nährstoffarmen Milieu. Die erbeuteten Tiere sind ein willkommenes »Zubrot«, das lebenswichtige Nährelemente wie Stickstoff, Phosphor und Schwefel enthält. Ohne diese zusätzlichen Nährstoffe können die Pflanzen zwar überleben, sind aber weniger vital; der Wasserschlauch etwa kommt dann nicht zur Blüte.

Auf der Jagd nach Wasserflöhen

Er lebt frei schwimmend, wurzellos und bis auf die im Hochsommer oberhalb des Wasserspiegels erscheinenden Blütenstände untergetaucht in einer Wassertiefe von 10 bis 70 Zentimetern. Unter günstigen Bedingungen können die kräftigen grünen Tauchsprosse bis zu drei Meter lang werden. Sie sind zweizeilig mit nach allen Seiten hin abstehenden, fädig zerschlitzten Blättern besetzt. Zwischen den haarfeinen Blattzipfeln sitzen in großer Zahl – bisweilen sind es pro Blatt bis zu zweihundert Stück – kleine, lediglich ein bis vier Millimeter große, annähernd eirunde Bläschen – die Fallen für Wasserflöhe, Mückenlarven und andere aquatische Kleinstlebewesen. Es handelt sich um Saugfallen, die auch als Schluck- oder Kastenfallen bezeichnet werden. Man spricht bei den Bläschen auch von Fangschläuchen, worauf sowohl der deutsche als auch der lateinische Gattungsname Bezug nehmen, da »utriculus« nichts anderes bedeutet als »kleiner Schlauch« oder »Schläuchlein«. Der ältere deutsche Name »Wasserhelm« bezieht sich ebenfalls auf die Fangblasenform. Der Fangvorgang selbst gehört zu den faszinierendsten Vorgängen im Pflanzenreich und verläuft wie folgt:

An einer der kurzen Seiten der Fangblase befindet sich eine Öffnung, die durch eine Klappe wasserdicht verschlossen wird. Sie kann sich nur nach innen öffnen. Außen trägt sie steife Borsten. Deren Berührung, etwa durch ein unvorsichtiges Rädertierchen oder aber ein Muschelkrebschen, führt zum augenblicklichen Öffnen der Klappe. Die Klappe schnellt, einer Falltür ähnlich, nach innen, durch die Öffnung strömt schlagartig Wasser ins Bläscheninnere und reißt das Beutetier mit. Blitzschnell, in Bruchteilen von Sekunden, wird die Klappe wieder geschlossen – das Tier ist ausweglos gefangen. Ermöglicht wird das rasche Eintreten des Wassers dadurch, dass im fangbereiten Bläschen ein Unterdruck herrscht. Die Fangbläschen sind nämlich dazu imstande, mittels der Blasenwände aktiv Wasser aus dem Inneren nach außen zu pumpen. Dabei werden die Seitenwände nach innen gezogen und es entsteht Unterdruck. Bei Berührung der Klappenborsten schnellen die eingedellten Blasenwände wieder in ihre Ausgangsposition zurück und es kommt zur Erzeugung eines Sogs. Jetzt sieht das Bläschen im Querschnitt kreisförmig aus.

Sofort, nachdem die Beute verschluckt wurde, wird das Wasser wieder aus dem Bläschen abgepumpt, damit die Verdauungssäfte unverdünnt einwirken können. Es sind Eiweiß spaltende Enzyme, die von vierarmigen Haaren der Bläscheninnenwand abgesondert werden; sie erfüllen die Funktion von Verdauungsdrüsen. Bis auf unverdauliche Reste wie den Chitinpanzer wird die Beute völlig aufgelöst und von der Bläscheninnenwand aufgesogen. Nach kurzer Zeit ist der Fangschlauch wieder fangbereit. Fang- und Verdauungsvorgänge können mehrmals stattfinden. Erst wenn das Bläschen mit harten unverdaulichen Resten gefüllt ist, fällt es ab.

Im Sommer zeigt sich der Unscheinbare

Einmal im Jahr, im Hochsommer, zeigt sich der Wasserschlauch bei günstigen Bedingungen an der Oberfläche. Dann nämlich, wenn er zur Blüte kommt und ein bis zu 35 Zentimeter hoher Blütenstand erscheint. Die zweilippigen gespornten Blüten werden von Insekten, etwa Schwebfliegen, bestäubt. Das orangerot gestreifte Saftmal auf dem hochgewölbten Teil der Unterlippe, dem sogenannten Gaumen, dient den Schwebfliegen als Orientierung und lockt sie an. Die Unterlippe dient als Landeplatz. Um an den Nektar im Sporn zu gelangen, muss das Insekt mit Kopf und Rücken unter der Oberlippe hindurch. Dabei streift es zuerst den längeren, mit steifen Papillen besetzten Lappen der reizbaren Narbe, der wie ein Kamm den von anderen Blüten mitgebrachten Pollen herauskämmt. Die Narbe zieht sich dann sofort zusammen, um Selbstbestäubung zu vermeiden. Dann streift es die Staubbeutel und nimmt beim Zurückziehen des Kopfes neue Pollen auf.

Wasserschlauch *(Utricularia vulgaris)*

Wissenswertes__Der Wasserschlauch ist nur zur hochsommerlichen Blütezeit auffällig. Ansonsten lebt er untergetaucht in nährstoffarmen, stehenden Gewässern. Nitrat- und Phosphateintrag aus der Landwirtschaft gefährden zunehmend seine Existenz.
Bemerkenswertes__Der Wasserschlauch gehört zu den fleischfressenden Pflanzen. In Acht nehmen müssen sich allerdings nur Kleinstlebewesen wie Wasserflöhe oder Wimpertierchen.

Beheimatet ist der Gewöhnliche Wasserschlauch in den gemäßigten Zonen der nördlichen Erdhalbkugel. In stehenden oder langsam fließenden, vor Wind geschützten, eher kalkarmen Gewässern mit schlammigem Untergrund gedeiht der Wasserschlauch am besten. Derartige Lebensräume sind mittlerweile jedoch selten geworden. Die Gewässerverschmutzung sowie die Verlandung und Verfüllung von Tümpeln, Altwässern oder Moorgräben gelten hier als Ursache. Deutschlandweit ist der Wasserschlauch in seinem Bestand daher gefährdet.

Botanische Werke aus dem 19. Jahrhundert berichten darüber, dass die Pflanze gerne vom Wassergeflügel gefressen wird und äußerlich bei Wunden und Geschwüren angewendet wurde. Heutzutage erinnert sich kaum noch jemand der Heilanwendung des Wasserschlauchs. Einzig zur Bekämpfung von Stechmückenplagen im privaten Gartenteich wird der Fleischfresser vereinzelt eingesetzt. Eventuell mag das ein Weg sein, dem interessanten Geschöpf ein Überleben zu sichern.

Ehrentraud Bayer

Der Weißstorch – Mythenvogel und Marathonflieger

Gäbe es eine Hitliste der populärsten Vögel, wäre der Weißstorch – zumindest in Deutschland – Spitzenreiter. Generationen von Menschen sahen in den stattlichen Gleitfliegern ganz besondere Glücksboten und ihr Ruf als Kinderbringer ist durch nichts zu erschüttern.

Moderne Satellitentechnik macht's möglich

Doch lange schien es, als nütze ihnen ihre Beliebtheit wenig. Früher sorgten Feuchtgebiete für dichte Storchenbestände, doch diese Storchenparadiese verarmten oder wurden trockengelegt – ein Prozess, der zwar als Ursache für den Rückgang erkannt, aber nicht wirklich gestoppt wurde.

Zudem war sich die einschlägige Forschung nicht sicher, ob nicht noch eine Reihe anderer Faktoren den Weitfliegern an den Lebensnerv gingen. Kostet nicht auch der Transsaharaflug Storchenleben? Ist der nicht gerade schmächtige Vogel in seinen Rastgebieten am Äquator nicht ein beliebter Kochtopffüller? Und gerät nicht eine jährliche Flugstrecke von über 10.000 Kilometern zur Lebensbedrohung per se?

Einen Quantensprung an Erkenntnis (auch, was die Forschung zum Thema Todesursachen angeht) brachte die Möglichkeit, Störchen kleine Sender am Körper zu befestigen und sie ganzjährig via Satellit zu beobachten – etwa zwischen Norddeutschland und Südafrika.

Die Pionierin und Allzeit-Heldin der satellitengestützten Storchenforschung strich Anfang des Jahres 2009 für immer die Segel. Prinzesschen, Deutschlands bekannteste Störchin, seit 1994 »auf Sendung«, wurde in Hoopstad (bei Johannesburg) tot aufgefunden.

Die Storchendame, die mit sechs verschiedenen Partnern mehr als dreißig Junge aufzog, war eine Art Vorzeigevogel der modernen Zugvogelfoschung. Prinzesschen lieferte bis zuletzt solides Datenmaterial. Mitte August 2008 war sie zu ihrer finalen Transglobalreise aufgebrochen. Von Sachsen-Anhalt aus hatte sie Polen, die Slowakei und Rumänien überflogen und Anfang September den Bosporus überquert, dann Syrien und Ägypten hinter sich gelassen und die nahrungsreichen Feuchtgebiete des Sudan angeflogen. Dort verweilte sie zwei Monate, bevor sie am Nikolaustag den

Rest Afrikas (in Nordsüd-Richtung) unter die Flügel nahm. Ihr Schatten glitt über Uganda, Kenia, Tansania, Sambia, Zimbabwe und Botswana; kurz vor Heiligabend überflog sie die Grenze zu Südafrika. Dann verstummten die Signale. Christoph Kaatz, Leiter des Storchenhofs Lohburg und Sprecher der Bundesarbeitsgruppe Weißstorchschutz des NABU (Naturschutzbund Deutschland) widmete der langjährigen Afrikabotschafterin mit viel Internet-online-Präsenz eine kleine Abschiedsrede; anlässlich ihres Ablebens schrieb er: »Prinzesschen hat die Herzen vieler Menschen berührt. Ihr Andenken können wir am besten bewahren, indem wir weiterhin engagiert für den Lebensraumschutz der Vögel und anderer wild lebender Tiere und Pflanzen eintreten.«

Zwei Routen führen nach Afrika

Störche eignen sich sehr gut als Botschafter des internationalen Schutzgedankens, schon wegen ihrer Kontinente überspannenden Fernflüge, die immer wieder zu Fragen Anlass geben. Wie schaffen sie es eigentlich? Wie bringt ein drei bis vier Kilogramm schwerer Vogel an die 10.000 Flugkilometer hinter sich? Im Ruderflug jedenfalls nicht. Störche nutzen Aufwinde, die sie aufwärts liften. Aus größerer Höhe können sie dann im beneidenswert flachen »Gleitwinkel« abwärts segeln. Allerdings: Die Segeleigenschaften eines Wanderalbatros sind noch einmal doppelt so gut wie die unseres europäischen Vorzeigegleiters. (Störche haben übrigens den Flugpionier Otto Lilienthal (1848–1896) auf die entscheidende Idee mit den gewölbten Tragflächen gebracht.)

Wo die Thermik besonders ausgeprägt ist, kann man entlang der großen Zugrouten spektakuläre »Aufwärtslifte« beobachten, besetzt mit Hunderten von Störchen.

Fast drei Viertel der deutschen Weißstörche fliegen die Ostroute (wie Prinzesschen); deutlich weniger überfliegen Spanien und die Meerenge von Gibraltar mit dem Ziel Senegal. Diese von den westeuropäischen Störchen beflogene »Kurzstrecke« – deutlich weniger als halb so lang wie die Ostroute – bietet den Vorteil, dass die Reisenden etwas früher zurückkehren und möglicherweise auch etwas weniger ausgepumpt ins Brutgeschäft einsteigen können. Weniger ist oft mehr. Und etliche West-Störche sparen sich sogar den Überflug der Meerenge von Gibraltar und der westlichen Sahara und bleiben in Südspanien. Einige Beobachtungen deuten sogar darauf hin, dass Störche »auf dem Sprung sind«, sich die Fernreisen ganz zu sparen. Im milden Winter 2007/2008 blieben einige hessische Störche einfach hocken.

Weißstorch *(Ciconia ciconia)*

Wissenswertes__Die allermeisten Weißstörche meiden unseren Winter und ziehen nach Süden, zum Teil bis Südafrika. Zwischen April und September ist er auf Schornsteinen oder an Tümpeln und Feuchtwiesen anzutreffen. Er gilt als gefährdet, denn intakte und artenreiche Wiesen werden immer seltener.

Bemerkenswertes__Die Stiftung Europäisches Naturerbe (EuroNatur) hat neun Gemeinden mit dem Prädikat »Europäisches Storchendorf« geehrt. Engagement für Tiere wird also belohnt!

Storchenfreundlichkeit wird belohnt

NABU-Mitglieder haben sich die Überwinterungskandidaten genauer und systematisch angeschaut und dabei festgestellt, dass sie offenbar, solange es keine geschlossene Schneedecke gibt, in Feld und Flur genug zu fressen finden. Mäuse sind ja – anders als Frösche – ganzjährig im Angebot. Wenn es zu kalt wird oder der Boden hoch schneebedeckt ist, machen Winterstörche das, was die Strategie vieler Überwinterer ist: Sie verharren möglichst reglos und energiesparend in windgeschützten Winkeln und profilieren sich als Hungerkünstler.

Das »Duchfüttern« der Hierbleiber halten Ornithologen für keine gute Idee; im Gegenteil: Untersuchungen ergaben, dass wohlmeinende Wintermast bei Störchen zu Stoffwechselstörungen und zu einer Art Verfettung führt.

Wie differenziert der störchische (Sommer-)Speiseplan ist, haben schon die Ornithologiepioniere des 19. Jahrhunderts herausgefunden: Für jeden Jungvogel müssen die Eltern täglich ein Pfund Frösche, Heuschrecken und Kleintiere anschleppen. Und genau hier liegt der Engpass: Landschaften, die das »hergeben«, sind bedroht und – wo es sie noch gibt – verinselt. Die Stiftung Europäisches Naturerbe (EuroNatur) hat daher »Europäische Storchendörfer« ausgezeichnet, Ortschaften, die sich bemühen, ihren Dachfirstmietern weiterhin gute Brut- und Lebensbedingungen zu erhalten. Orte wie Cigoc in Kroatien, Nagybjom in Ungarn, aber auch Rühstädt in Deutschland haben den touristischen Wert des Prädikats »Europäisches Storchendorf« erkannt und planen Jahr für Jahr storchenfreundliche Investitionen in ihre Gemeindeetats ein.

In globalen Krisenzeiten, in denen selbst die Deutschen, bekannt als Fernreiseweltmeister, näher gelegene Urlaubsregionen in Betracht ziehen, machen Urlaubsziele Furore, die mit Natürlichkeit und attraktiven Tiergestalten punkten können. Und Störche sind nach wie vor »Bringer« – nicht nur wenn es um Babies geht.

Claus-Peter Lieckfeld

Gene, Arten und Ökosysteme – Was bedeutet und wozu brauchen wir biologische Vielfalt

Seit auf der Umweltkonferenz von Rio de Janeiro 1992 das »Übereinkommen über die biologische Vielfalt« (Convention on Biodiversity - CBD) verabschiedet wurde, geistert der Begriff »Biodiversität« immer wieder durch die Medien. Auch wenn außerhalb wissenschaftlicher Fachkreise kaum jemand den genauen Inhalt der Konvention kennt, darf doch davon ausgegangen werden, dass »Biodiversität« oder »biologische Vielfalt« von einer überwältigenden Mehrheit der deutschen Bevölkerung als erstrebens- und schützenswert erachtet wird. Denn Vielfalt ist, und das trifft auf verschiedene Lebensbereiche zu, etwas grundsätzlich positiv Besetztes. Ob eine solche Befürwortung auch notwendige Verhaltensänderungen bewirken kann, bleibt dahingestellt und sollte auf der Grundlage bisheriger Erfahrungen eher negativ beschieden werden. In vielen Umfragen der letzten Jahre konnte immer wieder sehr deutlich festgestellt werden, dass eine große Anzahl der Menschen in Deutschland über den Zustand von Umwelt und Natur recht gut informiert sind. Es ist auch bekannt, dass Veränderungen erforderlich sind, die auch eigene Verhaltensweisen betreffen. Es ist jedoch ebenso zu konstatieren, dass die Bereitschaft am eigenen Lebensstil etwas zu ändern, eher gering ist. Angesichts dieser Ambivalenz stellt sich die Frage, ob es überhaupt möglich ist, den Nutzen oder den Wert von Biodiversität darzulegen beziehungsweise den Begriff mit Leben zu erfüllen?

Lässt sich der Wert der Biodiversität in Zahlen ausdrücken?

Die Bundesrepublik Deutschland als Unterzeichnerstaat der CBD hat gegenüber der Staatengemeinschaft eine besondere Verpflichtung zu handeln und vielfältige Anstrengungen auf unterschiedlichen Ebenen zu unternehmen, um die Konvention in all ihren Facetten erfolgreich umzusetzen. Dies ist umso nötiger, als die 9. Vertragsstaatenkonferenz zur CBD im Mai 2008 in Bonn stattfand und dort etwa 5.000 Fachleute über das bisher Erreichte und das zukünftig Notwendige berieten.

Diskutiert wurde dabei natürlich auch über den Wert der Biodiversität. Ein geradezu klassisches und gerne angeführtes Beispiel ist hier die Bewahrung gesunder Wälder. Diese dienen unter anderem dem Lawinenschutz wie auch der Erzeugung sauberen Wassers. Ihr Erhalt hilft viele Millionen Euro sparen, da Investitionen in den Lawinenschutz und die Wasseraufbereitung unterbleiben können. Der Umweltökonom Pavan Sukhdev, Leiter der Abteilung »Globale Märkte« der Deutschen Bank, hat im Rahmen der von ihm geleiteten Studie »The Economics of Ecosystems and Biodiversity« eindrucksvolle Berechnungen präsentiert. Die weitere ungezügelte Abholzung der Wälder kostet die Menschheit jedes Jahr sechs Prozent des weltweiten Bruttosozialproduktes. Die Überfischung der Weltmeere kostet uns 80 bis 100 Milliarden US-Dollar jährlich. Die Bestäubungsleistungen von Bienen und Hummeln können mit mindestens 30 Milliarden US-Dollar in die Bilanz eingestellt werden. Der globale Marktwert von pharmazeutischen Produkten, für deren Herstellung natürliche genetische Ressourcen benötigt werden, wird ebenfalls auf 75 bis 150 Milliarden US-Dollar pro Jahr geschätzt. Als international angesehener Ökonom weist Sukhdev ausdrücklich darauf hin, dass uns weiteres Nichtstun weitaus teurer kommen wird als der augenblickliche Beginn resoluten Handelns. Solche Zahlen sind sowohl beeindruckend als auch überzeugend und bisher auch von niemandem in Abrede gestellt worden. Tatsächlich besteht im Naturschutz derzeit ohnehin ein starker Trend zur Ökonomie, zur Ermittlung und Darstellung »harter« Fakten, um damit greifbare Argumente gegenüber der Politik vorweisen zu können.

Die emotionale und ästhetische Dimension der Vielfalt

Ökonomische Argumente sind aber zur Beschreibung des Wertes der Biodiversität nicht ausreichend, denn sie konzentrieren sich zu stark auf die rationale Seite der Argumentation und vernachlässigen die emotionale und sentimentale Dimension, die für viele Menschen ebenso wichtig ist. Den Wert der Vielfalt sollte man nicht nur über Nahrung, Rohstoffe und Medikamente bemessen. Man sollte vielmehr unseren heutigen Kenntnisstand über ökologische Zusammenhänge herausstellen. Ökologische Prozesse zu ökonomisieren kann nur ansatzweise gelingen und wahrscheinlich ist dies auch gar nicht nötig, um ihre Bedeutung dennoch zu unterstreichen. Gemeint sind die vielfältigen Leistungen natürlicher Ökosysteme bei der globalen Aufrechterhaltung der (Stoff-)Kreisläufe etwa von Wasser, Kohlendioxid oder Sauerstoff, die für das Überleben des Planeten Erde unabdingbar sind. Wie soll beispielsweise der Prozess der Photosynthese in grünen Pflanzen bewertet werden, der den Wissenschaftlern grundsätzlich seit Jahrzehnten bekannt ist, der aber bis heute nicht in allen Details verstanden, geschweige denn im Labor nachzuvollziehen ist? Dabei ist er einer der grundlegendsten und wichtigsten Vorgänge zur Bindung des Treibhausgases Kohlendioxid und zum Aufbau von Biomasse.

Noch schwieriger in definierten Wertkategorien fassbar ist ein dritter Aspekt, wie biologische Vielfalt uns nützt: die ästhetische Anmutung und Befriedigung, die sie vielen Menschen verschafft. Religiös motivierte

Personen können diesbezüglich mit der Schönheit der Schöpfung argumentieren, die es zu sichern und für künftige Erdenmenschen auch als Auftrag des Schöpfers notwendigerweise zu erhalten gilt. Außerhalb der schützenden Hülle einer Religion sind zwar auch sehr viele und unterschiedliche ethische Begründungen für den Erhalt der Biodiversität formuliert worden, ihre Vermittlung ist jedoch meist schwierig und ohne mehrsemestriges Philosophiestudium kaum verständlich.

Vielleicht hilft uns hier ein Vergleich weiter: Kein ernst zu nehmender Mensch würde akzeptieren, dass für die Errichtung eines dringend benötigten Industriebaus die Sixtinische Kapelle oder der Kölner Dom abgerissen werden müssen. Wir nehmen es aber hin, dass einer der letzten Standorte einer Wasserpflanzenart mit dem schönen Namen Schierlingswasserfenchel in Nordwestdeutschland aufgeschüttet werden darf, weil die Firma Airbus ausgerechnet dort unbedingt eine neue Start- und Landebahn errichten will. Warum brauchen wir im Naturschutz komplizierte und von vielen nicht verstandene ethische Begründungen für unser Tun? Bei unserem Umgang mit Kunst- und Kulturschätzen funktioniert es offensichtlich viel einfacher, und dennoch effektiv, und vor allem ohne ständig wiederkehrende Diskussionen über das »Warum« oder das »Wie«.

Was heißt eigentlich »Biodiversität«?

Vielleicht ist eine Erklärung die nur unzureichende Wahrnehmbarkeit dessen, was vermittelt werden soll. Was meint die CBD überhaupt mit »Biodiversität« und wie kann man sie einem breiten Publikum zugänglich machen?

Die biologische Vielfalt soll auf drei Ebenen gesichert werden: auf der Ebene der Gene, der Arten und der Ökosysteme. Weiterhin sollen auch die vom Menschen durch Züchtung veränderten Kulturpflanzen und Nutztiere in ihrer gesamten genetischen Breite für die Zukunft erhalten werden. Eine nachhaltige Nutzung ist ebenfalls Bestandteil der Biodiversität, zudem der Gedanke, dass der ökonomische Nutzen gerecht auf alle Beteiligten umgelegt werden soll.

Ein solch umfassender Anspruch ist Nichtfachleuten kaum zu vermitteln und so werden die Fachtermini auch kunterbunt durcheinander geworfen. Nicht anders ist es allerdings mit dem konkurrierenden und dabei gleichermaßen komplexen Konzept der sogenannten »Ökosystemleistungen«, das von Kritikern der Biodiversität gerne ins Feld geführt wird: Auch wenn die Lebensräume, die Ökosysteme, für die Erzeugung von Biomasse, für die Bodenbildung, die Selbstreinigung der Gewässer oder die Nährstoffkreisläufe wichtige, für uns unmittelbar lebensnotwendige Leistungen erbringen, ist es doch nur schwer vermittelbar, was genau sich hinter der »Produktionsfunktion«, der »Trägerfunktion« oder der »Regulationsfunktion« von Ökosystemen verbirgt.

Die einzelne Art berührt am meisten

Am einfachsten ist dabei wohl das Verständnis darüber, was eine Art ist. Wohlgemerkt: Dies gilt für den Normalbürger und nicht für die Wissenschaftsgemeinschaft, in der sehr unterschiedliche Auffassungen über den Artbegriff existieren. Nicht umsonst steht für das Gros der interessierten Bevölkerung die Artenvielfalt im Zusammenhang mit der Biodiversitäts-Konvention im Vordergrund. Gene und komplexe Ökosysteme sind nun einmal weit weniger anschaulich.

Innerhalb der Betrachtung von Arten ist ein Sympathietrend hin zur biologischen Verwandtschaftsnähe feststellbar: Säugetiere sind einfach beliebter als Schlangen oder Spinnen. Nahezu jeder Landrat und Bürgermeister wird die Wiederansiedlung des Weißstorchs unterstützen, die der Kreuzotter oder der dreiflügeligen Ödlandschrecke aber kaum befürworten. Die Wiedereinbürgerung von Wisenten als große Pflanzenfresser etwa erfreut sich parteiübergreifend einer regelrechten Fangemeinde. Ganz anders stellt sich die Situation bei den großen Fleischfressern dar. Hier spielen jahrhundertealte, häufig irreale Ängste und Mythen eine erhebliche Rolle. Das zeigten die teils heftigen Reaktionen beim Erscheinen des »Problembären« Bruno oder der Widerstand einiger Interessengruppen in Sachsen gegen die Wiederetablierung eines Wolfsrudels. Hier wurde gezielt an alte Ängste appelliert und mit dem Kinder mordenden Bösewicht Stimmung gegen den Wolf gemacht. Naturschutz braucht solche Projektionsflächen in Form einzelner plakativer Arten für seine Emotionen, sowohl im Bösen als auch im Guten. Nicht umsonst stellen sogenannte »Keystone Species« oder »Flagschiff-Arten« im Naturschutz wichtige und unabdingbare Vehikel dar, um sein Handeln zu begründen. Man denke dazu neben Braunbär Bruno auch an sein Pendant, den zumindest als Jungtier doch so putzigen Eisbären Knut. Die Aufregung um den kleinen Polarbären hat sogar für einen kurzen Moment dazu geführt, das Problem des Klimawandels mit all seinen Auswirkungen in breite Bevölkerungsschichten hinein zu transportieren.

Das große Sterben bleibt anonym

Trotz derartiger kleinerer Erfolgsmeldungen kann mitnichten davon die Rede sein, dass die vielschichtige Problematik der CBD und damit verbunden das Thema »Biodiversität« beim Normalbüger außerhalb der Fachkollegien angekommen ist. Ein wichtiger Grund hierfür ist wohl die fehlende Wahrnehmbarkeit des Artenverlustes, der sich augenblicklich weniger in Deutschland oder Europa abspielt, sondern beim Abholzen der tropischen Regenwälder, der Überfischung der Weltmeere, beim Absterben der Korallenriffe infolge des Klimawandels oder der Umwandlung von Mangrovenwäldern in Shrimpsfarmen. Und so bekommen wir weder in Wanne-Eickel noch Neubrandenburg oder Zwiesel mit, wie täglich (angeblich!?) bis zu 150 Arten aussterben. Das können wir auch schon deshalb nicht, weil wir die meisten von ihnen gar nicht kennen und alle diese Zahlen letztlich auf Schätzungen beruhen, die trotz internationaler Forschungsanstrengungen kaum je genauer bewiesen werden dürften. Bezeichnend ist es dann allerdings wieder, dass es die breite Öffentlichkeit aufhorchen lässt, wenn Vogelarten wie der Kiebitz, die Feldlerche oder der Haussperling rückläufig sind - ehemals häufige Arten also, die zumindest für viele Erwachsene unter uns (noch) zur allgemeinen Erfahrungswelt gehören. Denn die genannten Arten waren ursprünglich in der freien Feldflur weit verbreitet, ihr Rückgang ist wesentlich auf eine intensive, industriell angelegte Landwirtschaft zurückzuführen.

Von allen auf der Erde vermuteten 5 bis 30 Millionen Arten sind bisher nur etwa 1,2 Millionen wissenschaftlich erfasst worden. Damit ist der überwiegende Teil unbekannt und in gewisser Weise Spekulation. Deshalb ist es auch so schwierig zu vermitteln, warum ein Mitteleuropäer sein Verhalten ändern soll, um das Überleben eines bisher unbekannten Käfers in den tropischen Wäldern Brasiliens zu erhalten, von dem weder bekannt ist, wie er aussieht, ob er vielleicht sogar giftig ist, welche sonstigen Funktionen er im tropischen Regenwald erfüllt und ob sein Aussterben überhaupt nennenswerte Auswirkungen auf das Funktionieren dieses Ökosystems zur Folge haben wird.

Artenschutz allein reicht nicht aus

In einer solchen Situation ist es für einen wissenschaftlich tätigen Ökologen schwierig, darauf zu verweisen, dass irgendwie doch alles mit allem zusammenhängt. Und dass es allemal vernünftiger ist, komplette Ökosysteme mit typischen Arten und ihren genetischen Differenzierungen auf möglichst großen Flächen zu erhalten, solange die Details nicht genauer entschlüsselt sind. Dass wir - bildlich gesprochen - nicht um jedes Artvorkommen und um jedes kleine Biotop einen Zaun errichten können, um es darin zu hegen und zu pflegen, ist wohl jedem klar. Worum es geht, ist der Erhalt großräumiger Rahmenbedingungen, unter denen sich eine möglichst große Breite an Lebensformen entfalten kann, eine gewisse Dynamik inbegriffen.

Trotz dieser Bedenken muss noch einmal sehr deutlich auf eine unabdingbare Wahrheit hingewiesen werden, die sich innerhalb des Naturschutzes immer wieder offenbart hat: Artenschutz war immer ein wichtiger Baustein des Naturschutzes - und muss es auch bleiben -, konnte aber nie allein sein Tun begründen. Deshalb muss die zukünftige Sicherung der Biodiversität nicht nur auf der Ebene der Arten (die automatisch die genetische Ebene mit einbezieht) vollzogen werden, sondern vor allem auch auf der Ebene der Ökosysteme und landschaftlichen Zusammenhänge ansetzen, um dauerhaft erfolgreich sein zu können. Der Wissenschaft und allen anderen am Naturschutz Beteiligten wird es obliegen, diese grundlegende Tatsache möglichst schnell und erfolgreich allen Teilen der Bevölkerung zu vermitteln.

Beate Jessel

In Feld und Flur II

Der Admiral – ein farbenprächtiger Wanderer

Der Admiral gehört zu unseren schönsten und auffälligsten Tagfaltern aus der artenreichen Gruppe der Schmetterlinge. Ihrer zarten Erscheinung, ihrer Farbenpracht und ihres Lebenszyklus wegen finden Schmetterlinge in allen Kulturkreisen Beachtung. Häufig gibt es dabei magische, esoterische oder symbolhafte Elemente, zum Beispiel in Bezug auf die Verwandlung von der »hässlichen« Raupe zum »schönen« Schmetterling als Sinnbild für Wiedergeburt, Transformation, Auferstehung. Der wissenschaftliche Name »*Psychidae*« einer Schmetterlingsfamilie ist dem griechischen Wort »Psyche« (Seele) entlehnt.

Wenn man genau zuhört, erzeugt der Flügelschlag des Admirals einen leisen, knatternden Ton. Das macht besonders gut nachvollziehbar, weshalb viele Sprachen lautmalerische Worte für »Schmetterling« haben: Sie geben das Auf und Ab der Flügel in Form von Silbenwiederholungen wieder, zum Beispiel »farfalla« (italienisch) oder »kupukupu« (indonesisch). Das deutsche Wort »Schmetterling« und das englische »butterfly« gehen hingegen auf finsteren Aberglauben im Mittelalter zurück. Da gab man Nachtfaltern nicht nur Schuld an Albträumen; man sah in ihnen gar verkleidete Hexen, die sich in die Vorratskammern schlichen, um dort den Schmand (»Schmetten«) zu stehlen.

Prachtkleid oder Tarngewand

Doch solche absurden Vorstellungen sind erfreulicherweise Geschichte. Wer bliebe heutzutage nicht bewundernd stehen, wenn ein Admiral seinen Weg kreuzt und auf einer Blume seine Flügel ausbreitet!

Leuchtend weiße Flecken und randnahe, bläulich schimmernde Monde zieren die äußere Hälfte der samtschwarzen Vorderflügel, und prächtig hebt sich die rote Binde von der Grundfarbe ab. Beide Geschlechter sind fast gleich gefärbt, die meisten Weibchen tragen allerdings einen kleinen weißen Fleck in der roten Binde der Vorderflügel. Die Unterseite der Vorderflügel ähnelt der Oberseite, enthält jedoch noch zusätzliche bläuliche Partien.

Die der Hinterflügel ist dunkel marmoriert, trägt eine der Zahlen 81 oder 89 ähnliche Zeichnung in der Mittelzelle und erinnert insgesamt an ein Rindenmuster. Natürlich dient dies zur Tarnung der sitzenden Falter, die sich

Admiral *(Vanessa atalanta)*

Wissenswertes__Der prachtvolle Admiral ist ein relativ häufiger Schmetterling unserer Breiten. In Deutschland ist er – regional durchaus differenziert – von Mai bis Oktober anzutreffen. Gerne hält er sich in Siedlungsgebieten auf, aber auch Auwälder gehören zu seinem Revier.

Bemerkenswertes__Als Wanderfalter überwintert er in südlicheren Gefilden und scheut dabei auch den Weg über die Alpen nicht.

gerne an Baumstämmen oder am Boden niederlassen. Bei Störung zeigen sie reflexhaft die bunten Zeichnungselemente oder fliegen spontan davon; das plötzliche Auftauchen greller Farben »aus dem Nichts« stellt für Angreifer ein Überraschungsmoment dar, das dem Admiral den entscheidenden Vorsprung gewähren soll.

Die Alpen sind kein Hindernis

Der unverwechselbare Falter ist in ganz Deutschland verbreitet und vor allem im Hochsommer und Herbst nicht selten. Sein Areal umfasst Nordafrika, die Kanaren, Europa bis Westasien; im Gebirge wird er noch auf 2.500 Metern Höhe gefunden. Er wurde nach Nordamerika eingeschleppt und hat sich dort bis Guatemala verbreitet, ferner nach Haiti und Neuseeland.

Auf den Kanaren, auf Madeira, in Portugal und Spanien kommt er gemeinsam mit einer zweiten, ähnlichen Art vor: dem Kanarischen Admiral. Im östlichen Teil Asiens wird er vom ebenfalls ähnlich aussehenden Indischen Admiral vertreten.

Unser Admiral gehört zu den sogenannten »Wanderfaltern«. Es gibt zahlreiche, an das jeweilige regionale Klima angepasste Populationen, die innerhalb eines klimatisch ähnlichen Raumes nach Norden wandern, sich dort fortpflanzen und im Herbst wieder zurück nach Süden in die Überwinterungsquartiere ziehen.

Früher beobachtete man im Frühjahr den Einflug von Admiralen aus Südeuropa nach Mitteleuropa. Dieser Einflug scheint aber im 21. Jahrhundert weitgehend zum Erliegen gekommen zu sein: Die südlichen Falter wandern nun innerhalb des Mittelmeerraumes und hier vorwiegend in die Gebirge hinein. Dafür gibt es heute in Mitteleuropa südlich einer Linie Südengland–Dänemark–Rügen ständige Vorkommen und der Admiral stößt speziell von Südwestdeutschland und Ostfrankreich aus als periodischer Einwanderer bis nach Skandinavien vor.

Die geschilderte Veränderung des Wanderverhaltens und die gelegentlich erfolgreiche Überwinterung in unseren Breiten wird mitunter als Auswirkung des viel zitierten anthropogenen Klimawandels angesehen, doch ist hier größte Zurückhaltung angebracht: Weder gibt es dazu schlüssige kausale Analysen noch lässt sich die Hypothese durch seriöse klimatologische Befunde stützen. Arealbewegungen von Organismen gab es immer schon und die Ursachen dafür sind stets vielfältig.

Der Admiral überwintert als Falter, ist jedoch frostempfindlich und geht im strengen mitteleuropäischen Winter in der Regel zugrunde. Immer wieder kann man jedoch feststellen, dass nicht alle Falter zurückwandern und versuchen, vor Ort zu überwintern. Nur in außergewöhnlich milden Wintern ist das von Erfolg gekrönt, und solche Falter kann man dann vereinzelt gemeinsam mit Zitronenfaltern, Großen und Kleinen Füchsen und Tagpfauenaugen an warmen Sonnentagen im zeitigen Frühjahr beobachten. Die meisten Frühjahrsflieger sind jedoch Zuwanderer, die im Mai bis Juni eintreffen und gemeinsam mit den Überwinterern ihre Eier ablegen.

Von der dornigen Raupe zum prachtvollen Schmetterling

Die Nachkommen dieser Falter sind dann wesentlich zahlreicher zu finden und tauchen im Hochsommer auf (Juli/August). In Süddeutschland gibt es in der Regel im September/Oktober noch eine dritte Generation.

Bevor es so weit ist, werden jedoch erst einmal die kleinen grünlichen, längsgerippten Eier an die Blütenstände der Großen Brennnessel gelegt, wobei halbschattig stehende, kümmernde Pflanzen bevorzugt werden. Die sehr variabel gefärbte, gelbliche bis schwärzliche Raupe hat meist einen Seitenstreifen aus gelblichen Flecken und trägt zahlreiche mehrspitzige Dornen, wie sie für die Familie der Edelfalter sehr typisch sind. Sie lebt zunächst eingesponnen in der zusammengezogenen Blattspitze, später in einer lockeren, durch Gespinstfäden zusammengehaltenen Behausung aus einem bis mehreren Blättern. Die nur am Hinterleibsende befestigte und sonst frei schwebende, zackige Puppe ist grau bis braun und mit metallisch schimmernden Flecken verziert.

Den Falter kann man oft auf den Blüten von Wasserdost oder dem häufig angepflanzten Sommerflieder beobachten. Daneben liebt er die gärenden Säfte von Fallobst, »blutenden« Bäumen und Pferdedung. Als Wanderfalter kann der Admiral beinahe überall angetroffen werden. Gerne hält er sich in Siedlungsgebieten und auf Obstwiesen auf; daneben gehören hochstaudenreiche Waldränder, Wiesen- und Uferböschungen, Dämme, Wegraine, Brachflächen und Bachufer zu seinen Lieblingsplätzen. Wenn ein blühender Sommerflieder im eigenen Garten steht, kann man mit hoher Wahrscheinlichkeit damit rechnen, einen Admiral zu Gesicht zu bekommen.

Andreas Segerer

Der Feldhase – Aphrodites fruchtbarer Wegbegleiter

Warum der Hase Hase heißt, ist naturgemäß eine Frage an Etymologen, also an Wortbedeutungsforscher. Die Antwort ist zumindest für das Ohr des Laien nicht gerade selbst erklärend. Aus den altindischen »çaça« und »çaçaka« – die Wurzel »çaç« heißt »springen« – soll durch vielfältige Lautverschiebung das deutsche »Has« geworden sein.

Kaum ein wild lebendes Tier hat in unserem Sprachraum so viele Spuren hinterlassen wie das Tier, das mit seinen »Löffeln« die Umgebung akustisch abscannt und bei Gefahr das »Hasenpanier« (die Flucht) ergreift. Im Volksmund hieß es, die Hasen backen Küchlein, wenn feuchte Erde unter der Sonne dampfte, und ihre hasentypische Wachsamkeit trugen dem Charaktertier der offenen Agrarlandschaft den Ruf ein, sie schliefen mit offenen Augen. (Kein Hase tut das.) Viele Redensarten sind über die Generationen aus dem Sprachgebrauch gefallen, wie die, dass ein Glückspilz sei, wer »vom Hasen geleckt« sei, dagegen ein übermotivierter Tor, wer »zwei Hasen gleichzeitig will hetzen«. Wunderliche Menschen nannte Gotthold Ephraim Lessing (1729–1781) »Hasen«, er wird schon gewusst haben wieso. Und auch warum bei dieser Verbildlichung »der Hase im Pfeffer liegt«.

Zweifellos ausschlaggebend für die Prominenz des Hasen ist der Ostereiermythos. Wegen seiner sprichwörtlichen Fruchtbarkeit – bis zu zwanzig Jungtiere im Jahr sind verbürgt – galt der Hase in der Antike als Wegbegleiter der Liebesgöttin Aphrodite. Und weil Eier von jeher und kulturübergreifend Fruchtbarkeitssymbole sind, lag die Zusammenziehung zweier Symbolträger zum Eier legenden Osterhasen nahe.

Bereinigte Fluren sind der Hasen Tod

Diese kleine Auswahl an sprachlichem »Hasenklein« mag ausschnittartig belegen, dass Hasen einmal allgegenwärtige Erscheinungen in Wald und Feld waren. Sie sind es nicht mehr. Der Hase hockt seit Dezember 1994 auf der Roten Liste der gefährdeten Tierarten – Konsequenz der Beobachtung, dass in den meisten Landesteilen Deutschlands *Lepus europaeus* seit den 1970er-Jahren zahlenmäßig dramatisch abnimmt. Das Maß dafür war und ist die Strecke: die Zahl der »gestreckten« (erlegten) Hasen pro Jagdsaison. Im Jahre

Feldhase *(Lepus europaeus)*

Wissenswertes__Die konventionelle Landwirtschaft rückt dem Hasen gehörig auf den Pelz. Der ehemalige Steppenbewohner benötigt Hecken als Rückzugsraum und Kinderstube und liebt abwechslungsreiche Pflanzenkost. Zur Paarungszeit im Frühjahr sind wilde Jagden zwischen Has' und Häsin an der frühmorgendlichen Tagesordnung.
Bemerkenswertes__Hasen sind ein Symbol für Fruchtbarkeit; eine Häsin ist selbst während der Tragzeit empfängnisbereit.

1936 wurden im damaligen Reichsgebiet noch drei Millionen Hasen jährlich erlegt, im Jahre 1980 waren es 740.000, im Jagdjahr 2005/2006 rund 560.000.

Die Hauptgründe sehen Jäger und Naturschützer in seltener Einmütigkeit in der Verarmung der Landschaft; Flurbereinigungen (die heute allerdings maßvoller ausfallen als im letzten Drittel des 20. Jahrhunderts) haben Unterschlupf und Deckungen beseitigt – für Hasen eine schlimme Sache, weil sie sich ja nicht wie ihre kleinen Verwandten, die Kaninchen, unterirdisch in Sicherheit bringen können.

Einige Menschen haben lieber übersichtlichere Gründe, wenn es um den Hasentod geht: Traditionelle Jäger, die von Wildbiologie und Ökologie nichts wissen wollen, haben immer noch ihren Lieblingsfeind, den Fuchs, im Visier, wenn es um den Rückgang der Hasen-Strecken geht. Eine durch und durch unsinnige Schuldzuweisung – leider auch vom Europäischen Wildforschungsinstitut (EWI) in Bonndorf-Glashütte (Saarland) verbreitet –, zumal die Abnahme der Hasen mit einer Zunahme der Füchse im gleichen Zeitraum einherging. Der Hasenpapst Eberhard Schneider äußerte den Verdacht, die jägerlastige Expertenauswahl hätte den EWI-Schuldspruch möglicherweise mit verursacht. Wären Füchse die spezialisierten Hasenjäger – die sie, wie Magenuntersuchungen an erlegten Füchsen erwiesen, nicht sind – wäre ihre Ausbreitung bei abnehmender Hasenzahl nicht möglich gewesen. Immerhin, die Jägerschaft hat in vielen Landesteilen, wo sich die Hasenbestände ausgedünnt haben, auf Treibjagden verzichtet. Nicht zu viele (Jagd)Hunde sind des Hasen Tod, es ist die Zerschlagung unserer bis vor kurzem noch reichen und reich gegliederten Kulturlandschaft.

Eine Todesursache, die sich erst einmal absurd anhört, fand Europas Hasenexperte Nummer 1, Eberhard Schneider: Die Tiere verhungern ausgerechnet dann, und bei vollem Bauch, wenn es viel zu mümmeln gibt. Bei verendeten Tieren, die auf stickstoffgedüngten Hochleistungswiesen gelebt hatten, ergab eine Kotuntersuchung, dass sie knapp achtzig Prozent der verzehrten Trockenmasse wieder ausscheiden. Sehr populär und vereinfacht ausgedrückt: Das Mahl schafft zwar Füllegefühl, ist aber zu fett, um den Hasen gesund zu ernähren. Bei ungedüngten Feldwiesen mit rund fünfundvierzig Pflanzenarten liegt die Futterverwertung dagegen bei siebzig Prozent.

Seid wachsam, schnell, und mehret Euch!

Was für Hasen über lange Zeiten ihrer Existenz eine Erfolgsgarantie darstellte, ist ihre »Populationsdynamik«. Zwischen Januar und Oktober kann eine Häsin in guten, das heißt nicht allzu kalten und feuchten Jahren, drei Mal Junge gebären und hochbringen; in Ausnahmesommern zählte man sogar schon vier Durchgänge.

Weiterer Pluspunkt: Die arttypische Schnelligkeit. Auch auf Geschwindigkeit gezüchtete Jagdhunde haben gegen einen gesunden 70-Stundenkilometer-Sprinter keine Chance, zumal der aus vollem Lauf 90-Grad-Haken schlagen kann, ein Kunststück, das ihm in Europa keiner nachmacht, in Afrika allenfalls ein paar spezialisierte Gazellen. Weniger bekannt ist ein Trick, der sehr nach intelligenter Lageeinschätzung klingt: Hasen laufen bisweilen auf ihrer eigenen Spur zurück, wohl um nasenorientierte Verfolger in die Irre zu führen.

Und noch einen Trumpf im Kampf ums Dasein können sie ins Spiel bringen: Die Augen sind seitlich so platziert, dass das »Tier des Jahres 2001« per 360-Grad-Rundumblick beste Chancen hat, nahendes Ungemach frühzeitig zu erkennen.

Hasen wurden lange verkannt. Auch wissenschaftlich. In alten biologischen Ordnungsschemata schlug man sie der Großgruppe der Nagetiere zu. Aber nicht zuletzt ihre sprichwörtlichen Hasenzähne – im Oberkiefer zwei weiße Schneidezähne, hinter denen Stiftzähne sitzen – qualifizieren sie als Nichtnagetiere, als »Hasenartige«. Alle Hasenzähne sind wurzellos und wachsen zeitlebens. Der Träger eines solchen Spezialgebisses ist folglich (und darin ist er allerdings den Nagetieren ähnlich) auf beständige und gleichmäßige Abnutzung angewiesen.

Wer nicht hören will ...

Zur Verteidigung oder gar zum Angriff dienen die Hasenhauer nicht. Sonst wären die Prügeleien rivalisierender Rammler (männlicher Hasen) wohl lebensbedrohlich. Aber auch so, nach guter alter Hasenart, können sich Kontrahenten durch ein wahres Trommelfeuer von Backpfeifen und gestochenen Geraden an Kopf und Ohren erheblich verletzen. Bräuchte ein guter Rammler ein Abzeichen seiner Potenz, wäre es sicherlich das »Schlitzohr«.

Es scheint, als gelänge es den Paarungswilligen nicht sogleich, vom Aggressionssteptanz auf den leisen Gang auf Freierspfoten umzuspringen. Das Werbezeremoniell gegenüber dem Weibchen trägt in der ersten Phase deutlich aggressive Züge – die von den Weibern aufgenommen und womöglich noch verstärkt werden. Auch Schlagabtausch mit den Vorderbeinen gehört dazu.

Man fand heraus, dass diese »Handgreiflichkeiten« wohl keine sinnlosen Launen der Hasennatur sind: Durch den Körperkontakt werden wechselseitig Individualduftstoffe auf das Fell des Partners übertragen; ein Geruch schafft offenbar die Voraussetzung, um eines Sinnes und sich einig zu werden.

Sobald sich die Aggressionskurven abflachen, sondern sich Sie und Er aus der Gruppe ab. Es beginnt ein Paarungslauf von possierlicher Eleganz; und menschliche Beobachter, die ganz genau hingeschaut haben, wollen festgestellt haben, dass mit Ohren und Schwanz signalisiert wird, wie weit das Einverständnis schon gediehen ist. Die eigentliche Hasenhochzeit dauert nur wenige Sekunden und endet sehr abrupt und spektakulär: Der Rammler wird – gewissermaßen noch in flagranti – durch kurzes Aufbuckeln der Häsin hochgeschleudert.

Vater ohne Vaterpflichten

Rammler haben mit der Betreuung und Aufzucht ihrer Nachkommen nichts zu tun. Vermutlich ist das gut so; zwei Alttiere, die regelmäßig einem bestimmten Punkt zuhoppeln, würden das Risiko erhöhen, dass ihr Nachwuchs von scharfen Greifvogel- oder Fuchsaugen erspäht wird.

Bis zu ihrem 33. Lebenstag treffen sich Häsin und Junge zum abendlichen Säugen. Hasenmilch ist fett (23 Prozent) und nahrhaft, aber schon ab dem 17. Lebenstag sucht sich der Nachwuchs zusätzlich Grünnahrung. Nach weiteren 17 bis 18 Tagen muss ein Hase auf eigenen Pfoten stehen, zumal seine Mutter meist schon wieder mit einem neuen Wurf beschäftigt ist.

Ein Junghase sollte schon möglichst viel von dem drauf haben, was einen alten Hasen fit fürs Leben macht. Zu den spektakulärsten Fertigkeiten gehört der finale Rettungssprung: Ein Greif im Beuteanflug ist fest auf die ruhende Beute fixiert und kann nur überrumpelt werden, wenn diese im allerletzten Moment emporschnellt. Hasen können das, ohne dass es ihnen jemand vorgemacht hätte. Ebenfalls ererbte Mitgift ist der Diätplan im Hirn. Hasen nutzen viele Nahrungspflanzen: Wildkräuter, landwirtschaftliche Nutzpflanzen (von der tödlichen Gefahr, sich an Falschem den Bauch vollzuschlagen war schon die Rede), Knospen, Triebe, Blätter, Baumrinde, Gräser, Kräuter, Wurzeln, Früchte, Beeren, Pilze.

Und noch etwas: Hasenartige können mithilfe ihres großen Blinddarms auch eine spezielle Zusatzkost herstellen. Sie sondern einen vitaminreichen, nahrhaften Brei ab, den sie sogleich wieder aufschlecken.

Claus-Peter Lieckfeld

Welches Tier war hier? Ein paar Informationen rund ums Spurenlesen

Viele unserer heimischen Wildtiere sind sehr scheu, leben im Verborgenen oder sind nur nachts aktiv. Das gezielte Beobachten von Tieren wird hier oft zur Glücksache. Was man allerdings häufig entdecken kann, sind ihre Spuren.

- Fußspuren geben nicht nur einen Hinweis, wohin sich ein Tier bewegt; man kann auch feststellen, um welches Tier es sich handelt. Selbst die Gangart – also ob das Tier langsam vorbeizog oder sich auf der Flucht befand – lässt sich ermitteln.
- Der einzelne Fußabdruck wird »Trittsiegel« genannt. Stammen die Tritte vom so genannten Schalenwild (zum Beispiel Reh oder Hirsch) spricht man von einer »Fährte«; Trittbilder von Hase oder Marder heißen hingegen »Spur«.
- Zahlreiche Tierarten hinterlassen Spuren an Bäumen. Hierbei kann es sich um das Ergebnis einer Markierung des Reviers handeln oder um eine arttypische Fraßspur an Stämmen, Wurzeln oder Früchten von Futterpflanzen.

☞ Welches Tier verbirgt sich beispielsweise hinter der oben abgebildeten Fußspur? Richtig, es ist der Feldhase! Mit ein wenig Übung lassen sich auch die Fußspuren von Fuchs, Igel oder anderen Wildtieren identifizieren.

Abbildungen von Trittsiegeln und Tipps für Naturdetektive halten folgende Bücher bereit:

Preben Bang, Preben Dahlström,
Tierspuren. Fährten, Fraßspuren, Losungen, Gewölle und andere.
blv Verlag, München, 2008

Frank Hecker, Teresa Beathman
Welche Spur ist das? 125 Tierspuren und wer sie hinterlässt.
Franckh-Kosmos Verlag, Stuttgart, 2006

Walderlebniszentren sind weitere Ansprechpartner; über Anschriften und Programm entsprechender Einrichtungen in Bayern informiert das Internet:

http://www.forst.bayern.de/waldpaedagogik

Von Altamira bis Christo – Die Natur und ihre Darstellung in der Kunst

Ein Kunstwerk, das eine schöne Landschaft oder ein Blumenstillleben zeigt, ist uns vertraut wie auch die Vorstellung, dass diese Motive selbstverständlich zentrale Themen der Kunst sind. Diese Art der Naturwiedergabe ist jedoch nur ein kleiner historischer Ausschnitt in einer sich wandelnden langen Entwicklungsgeschichte der Beziehung von Kunst und Natur.

Der weite Bogen, den wir spannen können, reicht von den 35.000 Jahre alten magischen Felsbildern in Altamira (Spanien) über Landschaftsbilder von Albrecht Altdorfer (um 1480–1538) bis hin zur zeitgenössischen *Land Art* eines Christo, bei dem die Natur, die Landschaft selbst, zu einem Teil des Kunstwerks wird, indem er einen riesigen Vorhang durch ein Tal spannt und damit die Natur als Teil des Kunstwerkes einbezieht.

Naturwahrnehmung in verschiedenen Kulturkreisen

Im Umgang mit der Natur ist der Mensch geprägt von seinem kulturellen Umfeld, von seinen Wertvorstellungen, von der Religion, der er angehört oder von den Sitten und Gebräuchen der Gesellschaft, in der er lebt. Es sind die Künstler und Künstlerinnen in ihren historisch unterschiedlichen Rollen und Aufgaben, die diese kulturbedingte Beziehung zur Natur in ihren Werken sichtbar machen und damit die Wahrnehmungen und Sehgewohnheiten der Menschen prägen.

Ohne hier auf die traditionelle Unterscheidung von Kunst und Handwerk näher einzugehen, mögen einige Beispiele aus dem unendlich großen Themenkreis die Bedeutung der Kunst für die Wahrnehmung der Natur und der Beziehung zu ihr aufzeigen. Das Resultat der Auseinandersetzung mit der Natur ist äußerst vielfältig und reicht von der Körperbemalung afrikanischer Stämme bis hin zur verinnerlichten Natursehnsucht der romantischen Landschaftsbilder eines Caspar David Friedrich (1774 bis 1840). Weitere Beispiele sind fein geschnitzte Amulette der Schamanen, mythische Götterbilder in Tiergestalt oder Höhlenbilder von Tier und Mensch.

In der abendländischen Kunst waren Pflanzen und Tiere beliebte Motive mit hoher Symbolkraft. Aber auch Naturstudien der Renaissance-Künstler, wie etwa das liebevoll und detailgetreu gezeichnete Rasenstück von Albrecht Dürer (1471–1528), oder Bilder von idealisierten Landschaften sind Teile dieses weiten Spektrums einer Kulturgeschichte der Natur.

Pflanzen und Tiere als Symbolträger

In der Kunst zeigt sich, wie sich die Haltung des Menschen zur Natur gewandelt hat. In den Naturreligionen vieler Länder, in vorchristlicher Zeit und während der Volksfrömmigkeit des frühen Christentums erlebte man die Natur als lebendig und aufs Innigste verwoben mit Naturwesen und -kräften, mit Nixen und Waldgeistern. Die Bekehrung der heidnischen (keltischen) Völker des Nordens durch christliche Missionare setzte vielen vorchristlichen Bräuchen ein jähes Ende. So wurden beispielsweise der Baumkult verboten und die als heilig geltenden Wälder abgeholzt und zerstört. Das Konzil von Arles erließ im Jahr 452 n. Chr. Gesetze gegen die Anbetung von Bäumen, die Konzilien von Tour (567 n. Chr.) und Nantes (568 n. Chr.) wetterten gegen die Menschen, die an wilden Orten, tief im Wald verborgen, eine »gotteslästerliche« Naturverehrung betrieben.

Gewisse Vorstellungen von der Verbundenheit von Mensch, Natur und Religion haben sich in der Symbolsprache der mittelalterlichen Kunst erhalten. Die Natur als Schöpfung Gottes wurde auf Altartafeln als Hintergrund dargestellt. Pflanzen und Tiere bildete man nicht um ihrer selbst willen ab, sondern immer auch als Symbolträger der christlichen Lehre. Die Lilie in der Hand eines Engels symbolisierte die Verkündigung Mariens, die Taube stand für den Heiligen Geist und der Eisvogel verkörperte, weil er sein Federkleid jährlich erneuert, die Auferstehung Christi. Kein Lebewesen, keine Pflanze ist in den Bildern und Darstellungen ohne symbolischen Bezug. Auch der Teufel und die bösen Mächte erschienen im Mittelalter als Insekten und Ungeziefer, die Schlange im Paradies markierte die Verführung, Satan nahm die Gestalt eines roten Fuchses an. Diese mittelalterlichen Bilder können auf zwei Ebenen gesehen werden: als naturgetreue Abbilder der Wirklichkeit und gleichzeitig als Sinnbilder der christlichen Lehre.

Die Kunst erobert neue Freiheiten

Mit dem Beginn der Neuzeit um 1500 erobert auch die Kunst die Freiheit, neue Themen außerhalb der christlichen Vorgaben aufzugreifen und Kunst und Natur wissenschaftlich zu erforschen. Landschaft, Stillleben, Porträt und Alltag sind die zukunftsweisenden Sujets. Die Maler studieren mit optischen Geräten die Gesetze der Perspektive und setzen sie in ihren Werken um. Leonardo da Vinci (1452–1519) zeichnet die Anatomie des Menschen und hält den Vogelflug in Skizzen fest. Albrecht Dürer versucht, beeinflusst von der italienischen Renaissance, die Gesetzmäßigkeit der Schönheit zu errechnen. Das berühmte kleine Rasenstück Dürers, das jeden kleinen Halm, jeden Tautropfen naturgetreu und perspektivisch genau zeigt, ist ein Wendepunkt nicht nur in der Malerei, sondern auch in der Haltung des Menschen zur Natur.

Zweihundert Jahre später veröffentlicht Maria Sibylla Merian (1647 bis 1717) als malende Naturforscherin erstmals Standardwerke über akribisch genau wiedergegebene Insekten, Schmetterlinge und Blumen, die in ihrer Zeit revolutionär sind und deren Schönheit noch heute begeistert. 1699 reist Merian mit ihrer Tochter nach Niederländisch-Guyana, dem heutigen Surinam, um Pflanzen und Tiere in den Urwäldern Südamerikas zu studieren. Denn seit den Entdeckungen des Christoph Kolumbus (um 1451 bis 1506) wurden die Wunder ferner Welten Thema der abendländischen Kulturgeschichte. Das »Große vollständige Universal-Lexicon aller Wissen schaften und Künste« des Johann Heinrich Zedler (1706–1751) vermerkt unter dem Stichwort »Insectum«: »Ja es ist kein Wurm so abscheulich und so geringe in unseren Augen, der uns nicht, wenn wir nur die gehörige Aufmercksamkeit daran wenden wollten, von der Weißheit des großen Baumeisters Himmels und der Erden völlig überzeugte.«

Die Entzauberung der Natur

Die Entwicklung der modernen Wissenschaft erstreckte sich in den folgenden Jahrhunderten auf alle Gebiete des Lebens und führte zu einer Eroberung der Natur, deren problematische Folgen erst in der heutigen Zeit in all ihren Ausmaßen wahrgenommen werden. Das christliche Diktum, wonach sich der Mensch die Erde Untertan machen soll, und die Vorstellungen der Sündhaftigkeit einer ungezähmten, wilden Natur zeigen eine andere Seite der christlichen Naturinterpretation. Und dennoch entstanden in den unzähligen strahlenden Landschaftsbildern des 17. und 18. Jahrhunderts oder in den herrlichen Blumenstillleben eines Jan Brueghel (1568 bis 1625) wundervolle Kunstwerke, die der Natur huldigten als einem kraftvollen, lebensbejahenden Fest der Schönheit.

Sehnsucht nach Einheit mit der Natur

Waren Wissenschaft und Kunst in der Renaissance noch verbunden, kam es in der Folge zu ihrer Aufspaltung, was die Beziehung des Menschen zur Natur entscheidend veränderte: Die rationale Seite des Menschen sah die Natur zunehmend als Ressource oder als reines Forschungsobjekt, die emotionale Beziehung zur Natur wurde der Kunst überlassen.

Um 1800 sind es die Künstler der Romantik, die den verloren gegangenen, ganzheitlichen Bezug zur Natur durch das direkte, persönliche Naturerlebnis zurückzugewinnen suchen. »Der Maler soll nicht malen, was er vor sich sieht, sondern was er in sich sieht«, so Caspar David Friedrich. Als Zeichen einer tiefen Sehnsucht nach Einheit, ja einem Verschmelzen mit der Natur entstanden jene romantischen Landschaftsbilder dieser Zeit. Damit machte der Mensch die Natur zur Projektionsfläche eigener seelischer Zustände, die eine neue Religiosität und romantische Kosmologie, aber auch eine Idylle einschließen. Die Stimmungslandschaft, die das 19. Jahrhundert prägte, war geboren.

Getreu dem Motto »Zurück zur Natur« zogen Malerkolonien aufs Land, ins französische Barbizon oder ins norddeutsche Worpswede; man malte nicht mehr im Atelier, sondern in der freien Natur, die Freilichtmalerei entstand. Zur gleichen Zeit bedrohte die wachsende Industrialisierung nicht nur die Natur, sondern auch die sozialen Strukturen der Gesellschaft. In den Künstlern fanden die Reformbewegungen und der beginnende Naturschutz um 1900 ihre Unterstützer.

Auch die so unterschiedlichen Kunstrichtungen des 20. Jahrhunderts – und hier sind die abstrakten Bilder mit eingeschlossen – haben den Dialog mit der Natur nicht verloren, sondern auf gänzlich neuen Wegen gesucht.

Betrachtet man die Natur durch die Augen des Künstlers, erfährt man nicht nur etwas über die Natur und den Künstler, sondern auch über die eigenen Wertvorstellungen und damit über sich selbst. Vor dem Hintergrund der gegenwärtigen Gefährdung der Natur, des Klimawandels und des Artenrückgangs kann die Kunst so einen wichtigen Beitrag für eine Wandlung unseres Verhältnisses zur Natur liefern.

Caroline Ebertshäuser

Die Feldlerche – das singende, springende Löweneckerchen

Wenn früher der Bauer die Rösser einspannte und von seinen Feldern die Lerche aufstieg, um ihr Lied hoch oben im Himmel zu singen, sagte er: »Sie betet«. Heute ist vieles anders geworden. Heute holt der Landwirt seinen Traktor aus dem Schuppen und hört kaum mehr eine Lerche. Zum einen übertönt der Motorenlärm den Vogelgesang, zum anderen kennen viele Landwirte den Lerchengesang nicht mehr und zuletzt gibt es vor allem auf intensiv bewirtschafteten Feldern ohnehin so gut wie keine Lerchen mehr.

Mehr als nach Darwin erlaubt ist

Wer heute jedoch dem Lerchengesang sehr genau zuhört, sind die Wissenschaftler. Denn der Lerchengesang birgt Phänomene, die an Wunder grenzen. Da singt ein gerade mal 35 Gramm schwerer, unscheinbarer Vogel hoch oben am Himmel minutenlang sein fröhliches Lied. Unwillkürlich fragt man sich: Wann atmet er und über welche Kraft verfügt er, um dieses Wunder zu bewerkstelligen? Viele wissenschaftliche Forschungen hat die Feldlerche angestoßen, sodass die Anatomie des Singorgans der Vögel – der Syrinx – inzwischen gut beschrieben ist. Anders als bei den Säugetieren ist im hinteren Rachenraum kein Stimmband vorhanden. Das Stimmorgan der Vögel sitzt tiefer, unterhalb der ersten Gabelung der Luftröhre. Dort sind auf jeder Seite jeweils zwei Stimmlamellen angelegt, die es dem Vogel erlauben, sogar zweistimmig zu singen oder auf einer Seite zu singen und auf der anderen zu atmen.

Spezielle Methoden machen es möglich, den Gesang der Lerche in optische Signale zu übersetzen oder das »Unerhörte« hörbar zu machen. Das Ergebnis: Vögel singen wesentlich mehr und kunstvoller, als wir es wahrzunehmen vermögen, und – so formulierte es zumindest der holländische Biologe Buytendijk – »mehr als nach Darwin erlaubt ist«. Das Wunder harrt also noch immer einer wissenschaftlichen Erklärung und lässt sich bislang nur in nüchternen technischen Fakten beschreiben, wonach die Feldlerche bis zu 19 Lautmuster pro Sekunde singt und in den winzigen Hundertstelsekunden-Pausen nach Luft schnappt. Und all das mit einer Leichtigkeit und Fröhlichkeit, dass es diejenigen, die zuhören, dazu verleitet zu sagen: »Sie betet«.

Feldlerche *(Alauda arvensis)*

Wissenswertes__Die Feldlerche liebt offene Landschaften wie Grasfluren, Äcker oder Heiden. Sie überwintert im nahen Mittelmeerraum und ist daher schon ab Mitte Februar wieder zurück. Die Intensivlandwirtschaft hat der bodenbrütenden Lerche zugesetzt und ihr einen Platz auf der Roten Liste eingebracht.
Bemerkenswertes__Die Feldlerche singt minutenlang, scheinbar ohne dabei Luft zu holen, womit sie sich die Bezeichnung »Sangeswunder« redlich verdient hat.

Ihre Verwandte, die Heidelerche, »lulliert« ihren Gesang ebenfalls hoch am Himmel und überzieht die Landschaft mit einer heiteren Klangwolke von Lebendigkeit und Klarheit, die vermutlich zu zahlreichen Verwechslungen mit der Nachtigall geführt haben. Von der Haubenlerche, die einen eher melancholischen Gesang von einer Gesangswarte aus hervorbringt, sind bezaubernde Vorkommnisse beschrieben, die beweisen, dass Lerchen, sowie eigentlich all die anderen »guten Sänger«, über geniale Musik- und Harmoniekenntnisse verfügen. Ein Schafhirte pflegte mit einer bestimmten Tonfolge seine Hunde aufzufordern, die Schafe einzutreiben. Eines Tages schossen seine Hunde jedoch ohne die Pfiffe los. Zum Glück war der Schäfer nach anfänglicher Verärgerung über seine Hunde doch aufmerksam genug und stellte fest, dass die Töne von einer Haubenlerche stammten. Ein Forscher, der dieses Vorkommnis genauer untersuchte, stellte fest, dass die Haubenlerche die Tonfolge wesentlich präziser und harmonischer vortrug als der Schäfer.

Ein löwenstarker Beschützer

Aber nicht nur dem Gesang der Lerche haftet etwas Märchenhaftes an. Um den ganzen Vogel ranken sich viele Geschichten und Märchen. Im Holländischen heißt die Lerche »Leeuwerik«. In diesem Namen ist noch die alte Wurzel »Leu« = Löwe zu erkennen. So ist im Grimmschen Märchen das »Singende, springende Löweneckerchen« eine Lerche. Darin bringt ein reicher Kaufmann seinen drei Töchtern von einer großen Reise Geschenke mit: der einen Perlen, der zweiten Diamanten. Die dritte Tochter jedoch wünscht sich vom Vater, dass er ihr ein »singendes, springendes Löweneckerchen« mitbrächte. Auf dem Heimweg endlich findet der Vater hoch oben auf einem Baum sitzend das Löweneckerchen (das heißt: eine Lerche) und will es von seinem Diener einfangen lassen. Da springt aus dem Baum ein Löwe heraus und ruft: »Wer mir mein singendes, springendes Löweneckerchen stehlen will, den fresse ich!« Der Vater kann sich vor der Wut des Löwen nur retten, indem er verspricht, dem Löwen das zu schicken, das ihm bei seiner Heimkunft als erstes begegnet. Normalerweise ist dies der Hund, doch dieses Mal ist es die jüngste Tochter. Es ist letztendlich die Geschichte von der Schönen und dem Biest, die angezettelt wurde von der jüngsten Tochter und ihrem Begehren, eine Lerche besitzen zu wollen, und dem großen Beschützer der Lerche, dem Löwen.

Wer am Boden brütet, lebt gefährlich

Heute hätte die Lerche einen solchen löwenstarken Beschützer mehr als nötig. Ihre Bestände sind in Deutschland in den letzten zwanzig Jahren um bis zu 59 Prozent eingebrochen. Sie ist vom Allerweltsvogel zur Rarität geworden, vor allem in Gebieten mit überwiegend intensiver Landwirtschaft. Ihr großes Problem ist, dass sie ein reiner Bodenbrüter ist. Vom Nestbau über die Eiablage und die Brut bis zur Aufzucht der jungen Nesthocker braucht die Lerche einfach zu viel Zeit – sechs bis sieben Wochen. Untersuchungen haben gezeigt, dass selbst auf ökologisch bewirtschafteten Flächen ohne spezielles Wiesenbrüter-Zeitmanagement die bearbeitungsfreien Zeitspannen zu gering sind, um der Lerche und anderen Bodenbrütern eine erfolgreiche Jungenaufzucht zu ermöglichen. Viel zu schnell und zu oft fahren Maschinen über die Flächen, um zu düngen, zu harken, zu sprühen oder zu ernten. Für die Bodenbrüter bedeutet dies die Zerstörung des Geleges oder den Tod der Jungvögel. Lediglich in den Ackerrandzonen und in den Brachen war eine erfolgreiche Jungenaufzucht möglich. Dabei ist die Feldlerche lediglich der auffälligste Vertreter unter den bodenbrütenden Arten. Ein ähnliches Schicksal erleiden alljährlich Schafstelzen, Wiesenpieper, Grauammern, Rebhühner, Wachteln und viele andere mehr.

Die Feldlerche, beziehungsweise ihr fehlender Gesang, ist wie ein Indikator, der uns anzeigt, wie es um die Naturverträglichkeit unserer Landwirtschaft bestellt ist und wie dringend notwendig es ist, Ackerrandstreifen im eigentlich vorgeschriebenen Ausmaß auch wirklich zu erhalten und Ackerbrachen einzuräumen. Durch die ungeheure Gier nach Pflanzenrohmaterial, welche die Biogas- und Biodieselproduktion ausgelöst hat, sind solche überlebenswichtigen Aspekte bedrohlich weit hinten angesiedelt worden. Dabei wäre es ohne nennenswerten wirtschaftlichen Verlust möglich, Tieren wie der Feldlerche oder auch dem Feldhasen mit veränderten Mähtechniken und angepassten Mahdintervallen ein Leben auf unseren Äckern zu ermöglichen. Wir wissen also, wie es funktionieren könnte, wir müssen es nur noch umsetzen. Denn was wäre ein Frühling, an dem keine Lerche mehr in den Himmel aufsteigt, um uns mit ihrem fröhlichen und an ein Wunder grenzenden Gesang zu erfreuen? Wer wird dann noch für uns »beten«?

Eva Schneider

Der Feldsperling – vom leisen Verschwinden einer Art

Wenn jemand die Vorzüge des »Spatzen in der Hand« preist, wenn es »die Spatzen von allen Dächern pfeifen« oder wenn »Dreckspatzen« und »Rohrspatzen« ihr Unwesen treiben, dann sind in der Regel Haussperlinge gemeint. Sie sind es, die dem ackerbauenden Menschen buchstäblich seit Menschengedenken folgen und ihre Jungen unter seinem Dach aufziehen. Wo sie sind, haben Feldsperlinge kaum eine Chance sich anzusiedeln. Die größeren, stärkeren Verwandten, deren Lebensbedürfnisse den ihren allzu sehr ähneln, drängen sie an den Rand. Und dort leben und nisten sie bei uns dann auch: am Rande der Siedlungen und Städte, in Feldhecken, Alleebäumen und Auwäldern, in Feldgehölzen und Obstgärten.

Direkt verfolgt oder subtil verdrängt

In Teilen Asiens allerdings sieht es anders aus: In China etwa sind Feldsperlinge in genauso großen Schwärmen unterwegs wie anderswo die Haussperlinge. Der gewaltige Appetit dieser geflügelten Wolken war schon dem großen Vorsitzenden Mao (1893–1976) ein Dorn im Auge. Seine Berater berechneten, dass jeder der Vögel pro Jahr 4,5 Kilogramm Getreide vertilgte – und das, so beschloss Mao, musste ein Ende haben! Der erste Schritt im »Großen Sprung nach vorn« sollte sein, »die vier Schädlinge« zu vernichten: Ratten, Moskitos, Fliegen und Sperlinge. Keine ruhige Minute sollten die Sperlinge mehr haben, an Erschöpfung sollten sie zugrunde gehen. Millionen von Chinesen folgten Maos Aufruf, zogen lärmend und schreiend durch die Felder, zerstörten die Nester der kleinen Vögel und töteten ihre Jungen.

Anfangs schien die Kampagne ein voller Erfolg zu sein; die Ernteerträge stiegen tatsächlich an. Doch dann kam ein unerwarteter Rückschlag: Die Chinesen hatten nicht bedacht – oder nicht gewusst? –, dass Sperlinge nicht nur Sämereien jeder Art fressen, sondern ihre Jungen fast ausschließlich mit Käfern, Heuschrecken, Fliegen, Mücken und anderem Kleingetier aufziehen. Je seltener die Feldsperlinge wurden, desto ungestörter konnten sich Getreideschädlinge aller Art vermehren. Sie vernichteten große Teile der Ernte, die Erträge sackten alarmierend ab. In den Jahren 1959 bis 1961 schließlich erlebte China nicht zuletzt wegen der fehlgeschlagenen Sperlingskampagne eine katastrophale Hungersnot, die 30 Millionen Menschen das Leben kostete.

Feldsperling *(Passer montanus)*

Wissenswertes__Der »Allerweltsvogel« ist selten geworden. In der ausgeräumten Agrarlandschaft wird geeignetes Futter knapp. Als Kulturfolger ist er im Winter Gast unserer Vorgärten, in der warmen Jahreszeit sucht er die Nähe landwirtschaftlicher Betriebe.

Bemerkenswertes__Haus- und Feldsperling sind zwei verschiedene Spezies der artenreichen Sperlingsfamilie. Auf den Namen »Spatz« hört nur der etwas größere Haussperling.

In Mitteleuropa, wo sich der Feldsperling im Schatten des Haussperlings durchschlagen muss, war der kleine Vogel von vornherein nie so zahlreich wie in Asien. Doch als das Farmland in immer größerem Ausmaß in reine Produktionsflächen verwandelt wurde, gingen die Bestände des Feldsperlings so rapide zurück, dass er heute in Deutschland auf der Vorwarnstufe der Roten Liste geführt wird. Wo Hecken und Feldgehölze im Rahmen der Flurbereinigung abgeholzt wurden, gehen den Feldsperlingen zum einen die Nistmöglichkeiten verloren, zum anderen werden damit viele Nahrungsquellen für sie unerreichbar, denn sie brauchen schützende Deckung in der Nähe, um sich sicher zu fühlen. Wo mehrmals im Jahr die Giftdusche auf Felder und Wegraine niedergeht, verschwinden Brennnesseln, Melde, Beifuß, Knöterich und all die anderen Wildkräuter und -gräser, deren Samen die Grundnahrungsmittel der Sperlinge sind. Gleichzeitig werden Heuschrecken, Blattläuse, Raupen, Blattwanzen und unzählige andere Insekten vernichtet – lebenswichtige Kindernahrung ihrer Jungen. Und schließlich kommt den Sperlingen auch noch das Winterfutter abhanden, denn Stoppelfelder mit ihren Ernteabfällen werden seit einiger Zeit bereits im Herbst umgepflügt. Wo aber noch – oder wieder – traditionell gewirtschaftet wird, führen die hübschen kleinen Vögel ein paradiesisches Leben.

Nestbau will gelernt sein

Dass Feldsperlinge zu den Webervögeln gehören, würde niemand vermuten, der ihre schludrig zusammengeschusterten Nester aus Gras, Wurzeln, Tierhaaren und Blättern gesehen hat, die sie in allen möglichen Hohlräumen und Spalten anlegen. Feldsperlinge sind eigentlich Höhlenbrüter, doch wo sich weder ein Spechtloch noch eine Felsspalte oder ein Nistkasten findet, tut's auch eine Nische an einem Gebäude oder sogar der zweigstarrende Unterbau der Horste von Fischadlern, Milanen, Störchen oder Reihern. Feldsperlinge sind da nicht kleinlich. Und wo sie nicht einmal zur Untermiete nisten können, bauen sie notfalls auch Nester frei im Gezweig. Bei solchen »Freibrütern« kommt übrigens doch noch die verwandtschaftliche Nähe zu den Webervögeln zum Vorschein: Solche Nester sind kugelförmig gebaut, haben einen seitlichen Eingang, manchmal sogar eine richtige Eingangsröhre, und wirken im Vergleich zu dem üblichen Gras-Stroh-Blatt-Chaos geradezu ausgetüftelt.

Nur am Gesang sollt ihr *ihn* erkennen

Wer von den beiden »Ehepartnern« Männlein und wer Weiblein ist, kann auch ein Fachmann nicht sofort erkennen. Im Gegensatz zum Haussperling sehen beim Feldsperling die beiden Geschlechter nämlich völlig gleich aus: Beide tragen eine kastanienbraune Kopfplatte, schwarze Wangenflecken auf weißem Grund und ein schwarzes Lätzchen unterhalb des Schnabels. Auch die Jungen sind ähnlich kostümiert, allerdings wirken die Gefiederfarben bei ihnen matter. Als Kinder sind sie außerdem an den hellen Schnabelrändern zu erkennen, die ihnen den charakteristischen »weinerlichen« Gesichtsausdruck des Jungvogels geben.

Feldsperlingsmännchen lassen sich zwar nicht am Gefieder, wohl aber an ihrem Gehabe erkennen: Ob verpaart oder Singles – im Frühling pflegen sie in der Nähe ihres Nestes ausdauernd zu »singen«, wenn man ihr hohes, einsilbiges »tschip« mal als Gesang durchgehen lässt. Das ist ihre Art, ihren Besitzanspruch kundzutun und, falls nötig, ein Weibchen anzulocken: Vermögender Herr mit Eigenheim sucht Partnerin. Übrigens bleiben auch glücklich verpaarte Sperlingsmänner aufgeschlossen für handfeste Flirts mit den Nachbarinnen: Einer ungarischen Studie zufolge stammen neun Prozent aller Jungen aus Seitensprüngen der Weibchen, und ein Fünftel der Gelege enthielten mindestens ein »uneheliches« Kind.

Zwei bis drei Bruten pro Jahr mit jeweils fünf bis sechs Jungen sind einem Feldsperlingspärchen ohne Weiteres zuzutrauen. Bei potenziell dreizehn Lebensjahren – so alt wurde der älteste beringte Feldsperling – sollte man eigentlich mit einer wahren Feldsperlingslawine rechnen. Doch die Piepmätze haben auch eine Menge Feinde: Sperber, Turmfalken, Steinkäuze, Waldohreulen und Katzen machen Jagd auf sie, Elstern und Eichelhäher räubern ihre Nester aus, Mauswiesel und Ratten erbeuten die Jungen, Fliegenlarven, Salmonellen, Milben und Vogelläuse setzen ihnen zu und auch der Straßenverkehr fordert zahllose Opfer. Rund achtzig Prozent der Jungen werden nicht einmal ein Jahr alt, und nur drei bis vier Prozent der Vögel überleben lange genug, um einen zweiten Sommer lang zu brüten und Junge aufzuziehen. Feldsperlingsschwärme wie zu Maos Zeiten sind hierzulande nicht zu erwarten.

Veronika Straaß

Wenn die Nahrung knapp wird – Vögel füttern wie ein Profi

Eine Futterstelle im Garten oder auf dem Balkon hilft Vögeln über die kalte Jahreszeit. Ein paar Regeln sollte man beim Füttern beachten.

Was man dazu braucht

Körnerfressern wie Finken oder Sperlingen kann man Sonnenblumenkerne, Hanfsamen oder fertige Körnerfuttermischungen anbieten. Für Weichfutterfresser wie Amseln oder Meisen eignen sich Rosinen, Haferflocken, Kleie oder Meisenknödel. Bitte keine Speisereste oder Brot verfüttern.

Und so wird's gemacht

- Futtersilos sind gut geeignet, da das Futter nicht verschmutzt und sich keine Futterreste ansammeln können.
- Das Futter muss auch bei Wind, Regen oder Schnee vor Nässe geschützt sein; die Futterstelle sollte regelmäßig gereinigt werden.
- Die Futterstelle so anbringen, dass die Vögel vor Feinden wie Katzen sicher sind.
- Mehrere kleine Futterplätze bieten Ausweichmöglichkeiten und verhindern Streit unter der Vogelschar.

☞ Vögel füttern bietet die einmalige Gelegenheit, die gefiederten Gäste aus nächster Nähe zu beobachten. Somit haben alle Beteiligten Nutzen und Freude.

Wer mehr zum Thema erfahren möchte,
findet in folgenden Büchern gute Tipps:

Peter Berthold, Gabriele Mohr
Vögel füttern – aber richtig. Das ganze Jahr füttern, schützen und sicher bestimmen.
Franckh-Kosmos Verlag, Stuttgart, 2008

Michael Lohmann
Das 1 x 1 der Vogelfütterung. Futter und Futterstellen für das ganze Jahr. Die wichtigsten Vogelarten.
blv Verlag, München, 2007

Der Große Abendsegler – ein nächtliches Flattertier in Wohnungsnot

Der Große Abendsegler gehört zur Ordnung der Fledertiere, die mit einer faszinierenden Vielfalt morphologischer und biologischer Anpassungen nach den Nagetieren die artenreichste Säugetierordnung bilden. Die Natur hat bei ihrer Entwicklung alle erdenklichen Möglichkeiten ausgeschöpft – Fledermäuse sind ein wahres Wunder der Evolution!

Mit Echolot auf Futtersuche

Das auffälligste äußere Merkmal der Fledermäuse sind ihre Flügel, die sich als Flughäute zwischen dem Körper, den Extremitäten und dem Schwanz spannen. Damit konnten sie einen für Säuger ungewöhnlichen Lebensraum erobern, in dem sich die meisten Arten nachts durch Echoortung orientieren. Sie stoßen, je nach Art und Umgebung, unterschiedliche Töne im Ultraschallbereich aus, wobei ihnen das zurückkommende Echo selbst in tiefer Dunkelheit ein deutliches Bild von wichtigen Landmarken, Hindernissen und von potenziellen Futtertieren vermittelt. Meist sind dies Insekten, die im Flug erbeutet werden. Manche Fledermäuse sind Wartejäger, die an Zweigen hängend auf vorüberfliegende Schmetterlinge und Käfer lauern. Einige Arten haben sich auf Frösche sowie auf den Fischfang spezialisiert, selbst die europäische Wasserfledermaus ergreift mit ihren langen Hinterfüßen und auch mit ihrer Schwanzhaut kleine Fische von der Wasseroberfläche. Die neuweltlichen Vampirfledermäuse trinken Wirbeltierblut, und viele tropische Spezies in Amerika sind Pflanzenfresser oder Nektarlecker und damit wichtige Samenverbreiter und Blütenbestäuber. Die ökologische Einnischung dieser sozialen Lebewesen ist sehr vielfältig.

Graf Dracula lässt grüßen

Ihre versteckte, überwiegend nächtliche Lebensweise hat diese Tiere, die plötzlich in der Dunkelheit als dämonisch flatternde, schemenhafte Schatten auftauchen, in unheimliche, mystische Gefilde gerückt. Ihre auf viele Menschen abschreckend wirkenden, fratzenartigen Gesichter verstärkten diesen Aberglauben noch. Fledermäuse brachten Unglück, waren Symbole des Teufels und der Hexen und verfingen sich in den Haaren der Frauen. Doch in

China gelten sie auch als Glücksbringer. Nach der Entdeckung Südamerikas erzählten die spanischen Eroberer von nachtaktiven fledermausartigen Wesen, die menschliches Blut tranken. Die Phantasie gebar daraus, zusammen mit anderen Mythen, den die Sonne meidenden, vermenschlichten Vampir, der in unterirdischen Grüften die Tage verschläft. Heute ist das düstere, flügelbewehrte, nachtaktive Erscheinungsbild der Fledermaus hingegen Vorgabe für Superhelden des modernen Kinos.

Ein liebenswerter Stadtbewohner

Erst die wissenschaftliche Erforschung der Flattertiere rückte sie in die Normalität unseres Lebensraumes, entzauberte sie und machte diese Lebenskünstler zu schützens- und liebenswerten Nützlingen, die aufgrund ihrer aktiven Lebensweise viel Nahrung benötigen und als Schädlingsvertilger für den Pflanzenanbau wichtig sind. Sie gelten in Europa nun auch als Umweltindikatoren, denn sie reagieren sehr empfindlich auf die Vernichtung von Insektenpopulationen durch Insektizideinsatz oder auf die Zerstörung ihrer Lebensräume und Quartiere. Daher sind sie heute zunehmend gefährdet und selten geworden.

So ist es für uns überraschend, an einem Wintersonnentag ganz ungewohnt mehrere Fledermäuse mit großer Geschwindigkeit über das Land fliegen zu sehen. Der Große Abendsegler, einer der größten Vertreter der etwa dreißig europäischen Fledermausarten, hat dann sein Winterquartier in hohlen, dickwandigen Bäumen, in Mauerspalten oder Gebäuden zur Jagd verlassen, das er von November bis Februar zusammen mit vielen, manchmal über hundert Artgenossen bewohnt. Es gibt auch Quartiere, in denen bis zu 5.000 überwinternde Tiere gezählt wurden, die bei großer Kälte Cluster bilden und sich dicht zusammengedrängt gegenseitig wärmen.

Der bevorzugte Lebensraum und die Jagdareale dieser Fledermaus sind Ebenen, Misch- und Laubwälder sowie Parklandschaften mit Altholzbeständen, immer in der Nähe von Gewässern oder Auen mit langsam fließenden Flüssen. Auch in Städten mit ausgedehntem Baumbestand stellt der Große Abendsegler den ans Licht fliegenden Insekten nach, wodurch er den Beinamen Stadtfledermaus erhielt. Mit seinen langen spitzen Flügeln erreicht er Geschwindigkeiten von bis zu 50 Stundenkilometern und kann große Reviere bejagen. Die am Tag benutzten Schlafquartiere verlässt er meist schon am späten Nachmittag oder gelegentlich am Tage, um in kleineren Gruppen in zehn bis fünfzig, ja sogar bis zu mehreren hundert Metern Höhe Insekten zu jagen.

Der Große Abendsegler ist eine der häufigeren Fledermausarten mit weiträumiger europäischer Verbreitung. Im Frühjahr beziehen die Weibchen ihre Wochenstuben, oft Spechthöhlen in Buchen oder Fledermauskästen. Darin

Großer Abendsegler *(Nyctalus noctula)*

Wissenswertes__Ursprünglich in Misch- und Laubwäldern zu Hause, sieht man ihn heute in der Abenddämmerung immer öfter über städtischem Gebiet jagen. Trotzdem verringert sich seine Zahl. Als Gründe gelten der Rückgang seiner Nahrungsinsekten und der Verlust geeigneter Überwinterungsquartiere.
Bemerkenswertes__Ortet seine Beute mit Echolot und jagt ihr mit hoher Geschwindigkeit hinterher. Der liebenswerte Nützling wurde lange Zeit mit Hexen und Dämonen in Verbindung gebracht.

sammeln sich dann ab Mitte Juni zur Geburt Verbände von zehn bis über fünfzig Tieren, die jeweils ein bis zwei, selten drei Junge gebären, in der Regel von verschiedenen Vätern. Der Nachwuchs wird im Juli flügge, verlässt das Quartier zunächst aber nur für kurze Ausflüge. Im Frühherbst wandern die Weibchen wieder zurück in ihre Überwinterungsgebiete – ein Anlass für die Männchen, Paarungsquartiere zu besetzen, um durch auch für uns hörbare Rufe vier bis fünf, oft aber auch bis zu zwanzig Weibchen in ihre Harems zu locken. Für männliche Rivalen ist der Zutritt natürlich strengstens verboten!

Mit dem Bat Detector auf Fledermaus-»Jagd«

Viele Verhaltensmuster des Großen Abendseglers sind noch immer rätselhaft und unbekannt, wie auch bei anderen Fledermausarten, und bedürfen zur Klärung einer intensiven wissenschaftlichen Erforschung, wozu naturbegeisterte Aktivisten und Naturschützer durch die Fledermausberingung einen großen Beitrag leisten. Fledermäuse sind nachts sehr gut mit dem Fledermausdetektor (Bat Detector) zu belauschen und leicht nach Arten zu trennen. Diese Geräte fangen die artspezifisch ausgesandten Ultraschalltöne mit dem Mikrofon auf und wandeln sie für die mit dem Detektor per Lautsprecher oder Kopfhörer verbundenen Fledermausbeobachter in hörbare Töne um. Der Große Abendsegler ortet mit 16 bis 34 kHz (Kilohertz), die Töne aus dem Detektor klingen für uns wie ein unregelmäßig tropfender Wasserhahn. Nachdem die maximale Hörschwelle des Menschen bei 16 bis 20 kHz liegt, können die Laute der Fledermäuse im unteren Frequenzbereich manchmal sogar noch wahrgenommen werden. Die mit ihren relativ kurzen Flügeln im kurvenreichen Schwingflug über Gewässern jagenden Wasserfledermäuse haben einen knatternden Ortungsruf bei 50 bis 75 kHz, der nur nach dem Ergreifen einer Beute unterbrochen wird, wenn sie mit ihrem kleinen, raubtierähnlichen Gebiss ihren Fang zerkauen und verspeisen.

Leider werden hohle alte Bäume, die der Große Abendsegler als Winterquartier benutzt, oft aus sogenannten Sicherheitsgründen gefällt. Dabei kommen die Bewohner entweder jämmerlich um oder sie überleben nur kurzfristig, weil sie keinen anderen geeigneten Überwinterungsplatz mehr finden. Zudem wird immer noch bei vielen Baumaßnahmen an Gebäuden gezielt verhindert, dass Fledermäuse dort Unterschlupf finden können. Besonders bei Renovierungsarbeiten werden bestehende Quartiere gerne verschlossen, um von den liebenswerten, harmlosen und nützlichen Mitgeschöpfen nicht durch Lärm oder Geruch gestört zu werden. Es ist zu hoffen, dass hier bei den Verantwortlichen zum Schutz der Tiere baldmöglichst ein wirksames Umdenken stattfindet.

Juliane Diller

Das Grüne Heupferd – ein unermüdlicher Sänger von hoher Warte

Das Grüne Heupferd gehört mit fast fünf Zentimetern Körperlänge zu den größten heimischen Heuschrecken. Dabei bevorzugt es, im Gegensatz zur Schwesterart der Zwitscherschrecke, wärmere, süd- oder westexponierte Lagen. Wie der Name andeutet, ist das Grüne Heupferd grün gefärbt und gelblich getönt. Die Beine sind meist nur an den Schenkeln grün, sonst gelb bis hellbraun. Die Jungtiere, die noch keine langen Flügel besitzen, sind meist einheitlich grün.

Die Vorderflügel der erwachsenen Tiere sind lang, schmal und deutlich verstärkt, die darunter liegenden Hinterflügel sind in Ruheposition fächerartig zusammengefaltet und wesentlich zarter. Im Fluge werden sie jedoch großflächig ausgebreitet. Mit ihren kräftigen Sprungbeinen stoßen sich die Tiere ab und können so zu einem ausdauernden Flug ansetzen. Die Weibchen unterscheiden sich von den Männchen durch den langen geraden Legebohrer, der bis zum Ende der Flügel reicht. Die Männchen besitzen nur kleine »tasterartige« Anhänge am Hinterleibsende.

Die Nacht gehört den Sängern

Die Männchen besitzen auf dem flachen Feld an der Basis der Vorderflügel deutliche, kräftige und strukturierte Schrilladern. Durch deren Übereinanderreiben werden Töne erzeugt, die einen artcharakteristischen Gesang bilden. Diese Form der Tonerzeugung wird »Stridulieren« genannt. Die Weibchen haben diese Vorrichtung nicht und sind daher stumm.

Die Gesänge der Männchen sind vielfach bereits am Nachmittag an Waldrändern, in Feuchtwiesen oder auch auf bewirtschafteten Grünlandflächen zu hören. Sie dienen vermutlich ausschließlich der Territorialabgrenzung. Gegen Abend steigen die Männchen in einer Gesangspause in höhere Vegetation wie Gebüsche oder Baumkronen auf. Hier ist der Gesang mit seinen Doppelsilben deutlich intensiver und kann nachts mehrere Stunden anhalten.

An den Vorderbeinen besitzen beide Geschlechter direkt unterhalb des Gelenkes zwischen Schenkeln und Schienen zwei beidseitige schlitzförmige Zugänge zu den Gehörorganen. Die sogenannten »Trommelfelle« sind durch

Klappen verborgen. Durch die Lageveränderung des Körpers beziehungsweise der Vorderbeine lässt sich der Gesang, der auch Ultraschallfrequenzen beinhaltet, orten. Das ist insbesondere für Männchen wichtig, um die genaue Position des Rivalen ausmachen zu können. Nähern sich zwei Männchen, kommt es zum Kontakt der langen Fühler; durch Anspringen wird versucht, den Rivalen in die Flucht zu jagen. Der Unterlegene zieht sich dann meist in niedere Vegetationsbereiche zurück. Für die Weibchen wiederum ist der nächtliche Gesang das Signal zur Paarungsbereitschaft und sie steigen zum »Sänger« empor. Die Paarung findet meist nachts in hohen Bäumen und Büschen statt. Dabei legt das Männchen nach aufwendigem Werben und Fühlerkontakten sein hinteres Körperende von unten an die Geschlechtsöffnung des Weibchens. Nach der Paarung legt das Weibchen mithilfe des Legebohrers bis zu 250 Eier möglichst tief im Boden ab. Die Eier ruhen mindestens zwei Winter im Boden, bevor sich im Frühjahr die Jungtiere ausgraben und in die Vegetation klettern.

Vom Fressen und gefressen werden

Alle Stadien vom Jungtier bis zum ausgewachsenen Heupferd ernähren sich von kleinen Insekten wie Blattläusen, Raupen, Wanzen und Käferlarven. Aber auch pflanzliche Nahrung wird verspeist. Bei Bedrohung spuckt das Grüne Heupferd seinen Verdauungssaft aus und wehrt sich durch Bisse der kräftigen Kiefer. Feinde des Heupferdes sind zahlreiche Insektenfresser wie Spitzmäuse und Igel. Aber auch Katzen, Füchse, Marder und Vogelarten wie Störche, Turmfalken, Mäusebussarde, Sperber und Neuntöter stellen ihm nach. Selbst die Schwesterart, die deutlich kleinere Zwitscherschrecke, kann das Grüne Heupferd überwältigen. Die gute Flugfähigkeit lässt die erwachsenen Tiere neue Lebensräume erobern, macht sie aber vor allem am Tage auch für Fressfeinde sehr auffällig, während sie im Schutz der Vegetation durch ihre Färbung gut getarnt sind.

Im Gegensatz zu den Laubheuschrecken, zu denen das Grüne Heupferd gehört, besitzen Feldheuschrecken, wie etwa die Wanderheuschrecken, ein ganz anderes Gesangs- und Gehörsystem. Die meist in Bodennähe zirpenden Feldheuschrecken-Männchen reiben die Innenseite ihrer Sprungbeine an der Außenkante der Vorderflügel. Wie bei den Laubheuschrecken zirpen auch hier alle Arten unterschiedlich. Die Gehörorgane liegen bei beiden Geschlechtern an den Körperseiten direkt hinter den Hinterbeinen.

Biblische Plage und Symbol der Auferstehung

Von alters her galt die Heuschrecke als Symbol für Verlust, Zerstörung und Vernichtung. Damit ist jedoch nicht das Grüne Heupferd, sondern die Wanderheuschrecke gemeint. Doch Mythologie und Religion haben der Heu-

Grünes Heupferd *(Tettigonia viridissima)*

Wissenswertes__Das Grüne Heupferd ist in Mitteleuropa nicht gefährdet. Am besten lässt es sich von Juli bis Oktober beobachten, wenn es besonders gegen Abend mit seinem artspezifischen Gesang auf sich aufmerksam macht. Das Insekt liebt dichte Wiesen, Buschwerk und Baumkronen.

Bemerkenswertes__Im Christentum wurden die Heuschrecken – vermutlich aufgrund ihrer auffälligen Häutungen – zum Symbol der Auferstehung.

schrecke auch positive Attribute zugewiesen: Sie wurde in der griechischen Mythologie Appolon, dem Erfinder der Musik, geweiht. Im Judentum galt die Heuschrecke als reines Tier und durfte gegessen werden. Im Christentum wurde sie zum Symbol für die Auferstehung, was offensichtlich auf die zahlreichen Häutungen zurückzuführen ist. Nach den ersten sechs Häutungen verwandelt sich das kurzflügelige Jungtier zum langflügeligen, ausgewachsenen Insekt und hinterlässt dabei eine durchsichtige helle Hülle, die man häufig finden kann. Da sich das Tier erst jetzt in die Lüfte zu erheben vermag, verglich man diesen besonderen Häutungsvorgang mit der Auferstehung unter Zurücklassung der »irdischen« Hülle.

Ihre rasante Vermehrung und ihr massenhaftes Auftreten ließen die Heuschrecke in China zum Symbol für eine reiche Nachkommenschaft werden. Angesichts der verordneten Ein-Kind-Familie wird sich die Heuschrecke im China des 21. Jahrhunderts jedoch kaum noch als verehrungswürdiges Vorbild und verheißungsvolles Omen eignen.

Ernst-Gerhard Burmeister

Unterirdische Wunderfabrik – Der Boden als faszinierender Lebensraum

Der Aufwuchs eines Hektars fruchtbaren Bodens kann unter den klimatischen Bedingungen Bayerns zwei Kühe ernähren. Auf der gleichen Fläche leben unterhalb der Erdoberfläche vier oder mehr Kühe – zumindest in Gewicht umgerechnet. Diese »unterirdischen Kühe« bekommen wir allerdings selten zu Gesicht. Hin und wieder begegnen wir einem Regenwurm oder einem Maulwurf. Bei anderen Bodentieren wie Springschwänzen oder Tausendfüßlern müssen wir schon genauer hinschauen, um sie erspähen zu können. Für wieder andere Vertreter der Bodenfauna und Bodenflora brauchen wir zur Betrachtung ein Mikroskop – selbst, wenn ihre Zahl in die Milliarden geht! Nicht nur das Gewicht der Bodenlebewesen ist imposant, auch ihre Anzahl ist unvorstellbar groß. Auf einem Quadratmeter Boden tummeln sich in den obersten 30 Zentimetern Milliarden kleiner und kleinster Lebewesen. Wie viele es sind, zeigt die Grafik am Ende dieses Beitrags.

Von Bakterien und Pilzen

Alle Bodenlebewesen sind gleichermaßen wichtig; erst ihr Zusammenspiel sichert die Leistungsfähigkeit des Bodens. In ihrer Lebensweise unterscheiden sich die Tiere und Pflanzen des Bodens sehr stark. Einige ernähren sich von Pflanzenresten, andere von Aas, wieder andere sind Räuber und Parasiten. Bei einigen scheint die Lebensaufgabe darin zu bestehen, anderen als Nahrung zu dienen.

Die Vertreter der Bodenflora sind gewissermaßen die Pflanzen des Bodens. Sie leben von Kohlendioxid und atmen Sauerstoff aus. Dabei sind die Bakterien zahlenmäßig die wichtigste und vielseitigste Gruppe; einige von ihnen können sogar ohne Luft leben. Sie erfüllen eine wichtige Aufgabe im Boden, indem sie Nährelemente wie Stickstoff und Schwefel umwandeln und für die oberirdische Pflanzenwelt verfügbar machen. Neben den Bakterien sind Pilze und Algen weitere wichtige Vertreter. Die unscheinbaren Algen können unter extremen Bedingungen, zum Beispiel bei der Erstbesiedelung von Steinen oder auf sehr sauren Böden, die artenreichste Gruppe darstellen. Dort leisten sie Pionierarbeit, indem sie den Sauerstoff aus der Kohlensäure des Bodenwassers freisetzen oder Luftstickstoff binden.

Für den ökologischen Landbau sind Stickstoff fixierende Bakterien, die Rhizobien, ein zentrales Element. Sie leben mit den Wurzeln von Hülsenfrüchten – zum Beispiel Klee, Erbsen oder Bohnen – in Symbiose, binden

den Stickstoff aus der Luft und überführen ihn in eine pflanzenverfügbare Form. Im Gegenzug erhalten sie von der Wurzel Nährstoffe. Um mit den Rhizobien in Kontakt zu kommen, sondern die Wurzeln »Lockstoffe« ab. Werden die Bakterien von der Pflanze als »nützlich« identifiziert, dürfen sie in die Wurzel eindringen. Die »infizierte« Pflanze bildet dann sogenannte Wurzelknöllchen aus, die mit bloßem Auge als Verdickungen zu erkennen sind. Die verschiedenen Hülsenfrüchte oder Leguminosen arbeiten immer mit bestimmten Knöllchenbakterien zusammen. Für ein effektives »Einsammeln« von Luftstickstoff ist besonders wichtig, dass kein überschüssiger Stickstoff im Boden vorhanden ist.

Wie bereits erwähnt sind auch Bodenpilze eine wichtige Organismengruppe. Sie sind für die schwierigen Arbeiten zuständig, beispielsweise das Zerkleinern und Verdauen von harten, nährstoffarmen Substanzen wie Stroh. Einige leben mit den Pflanzenwurzeln in enger Gemeinschaft, der sogenannten Mykorrhiza. Sie helfen der Pflanze bei der Aufnahme schwer verfügbarer Nährstoffe und übernehmen damit zum Teil die Aufgabe der feinen Wurzelhaare. Darüber hinaus schützen Mykorrhizapilze die Wurzeln vor Krankheiten und helfen bei der Wasserversorgung. Die Pflanze revanchiert sich mit »Abfallprodukten« aus der Photosynthese, die dem Pilz wiederum als Nährstoff dienen.

Regenwurm, Tausendfüßler und Co.

Unter den Bodentieren ist der Regenwurm sicherlich der bekannteste Vertreter. Seine Grabgänge bringen Luft und nährstoffreiche Pflanzensubstanz in tiefere Bodenschichten, durch die Lockerung kann Wasser leichter in den Boden eindringen und versickern. Regenwürmer bewegen sich fressend durch den Boden. In ihrem Darm werden dabei mineralische und organische Bestandteile zu sogenannten Ton-Humus-Komplexen vermischt. Dieser Regenwurmkot weist deutlich erhöhte Nährstoffmengen auf. Für Wurzeln ist das sehr attraktiv und sie wachsen den Regenwurmröhren bis in große Tiefen hinterher. Wirklich effektive Bodenwühler sind lediglich die großen Regenwurmarten; sie sind die Architekten der »geräumigen« senkrechten Röhren. An den Boden stellen sie recht hohe Ansprüche; verschlechtern sich die Rahmenbedingungen, ziehen sie sich zurück und die oben skizzierten positiven Effekte bleiben aus.

Es wäre falsch, die Vertreter der Bodentiere auf die verschiedenen Regenwurmspezies zu reduzieren, denn für das ökologische Gleichgewicht sind viele Arten verantwortlich. Borstenwürmer, Tausendfüßler und Asseln arbeiten am Durchmischen des Bodens mit. Dabei sind längst nicht alle Bodentiere Zeit ihres Lebens ausschließlich unter Tage anzutreffen. Einige Käferarten verbringen beispielsweise nur ihr Larvenstadium im Erdreich.

Der Landwirt kann das Bodenleben stark beeinflussen - positiv wie negativ. Betreibt er beispielsweise über lange Jahre keinen ausreichenden Fruchtwechsel, können Nematoden oder Fadenwürmer zunehmen - zum Schaden der angebauten Kulturen. Der konventionell produzierende Landwirt reagiert hier meist mit dem Einsatz von Pestiziden. Der ökologische Landbau setzt dagegen von Beginn an auf die Einhaltung ausgewogener Fruchtfolgen und packt das Problem somit bei der Wurzel an.

Wer den Boden unter seinen Füßen genauer betrachtet, wird vermutlich folgende Vertreter zu Gesicht bekommen: An der Oberfläche tummeln sich Tausendfüßler oder Springschwänze. Jetzt ist Ruhe geboten, denn Tausendfüßler sind scheu, können schnell weglaufen oder sich einrollen. Springschwänze dagegen bringen sich mit einem Sprung in Sicherheit. Diese Tiere leben von teilweise zersetzten Pflanzen, Laub und Kot. Sie selbst sind nicht an Prozessen des stofflichen Abbaus von totem Pflanzenmaterial beteiligt, schaffen durch ihre mechanische Zerkleinerung aber größere Angriffsflächen für Bakterien und Pilze. Wenn kein totes organisches Material vorhanden ist, vergreifen sich Springschwänze auch an lebenden Pflanzen und können so zum Schädling werden. Beim Zerteilen von Bodenkrümeln kann man häufig kleine weiße Würmer beobachten. Diese blassen Brüder der Regenwürmer werden Borstenwürmer oder Enchyträen genannt. Ihre Leistung ist mit derjenigen der Regenwürmer durchaus vergleichbar, doch stehen sie meist im Schatten ihrer größeren Verwandten. Weitere mit bloßem Auge sichtbare Tiere sind die Asseln. Im heimischen Keller sind sie eher ungeliebt, doch in der Natur sind sie häufig auf verholzte Pflanzenreste spezialisiert, fördern durch ihre Wühltätigkeit die Durchmischung des Bodens und sind am Humusaufbau beteiligt.

Arbeiten in der Wunderfabrik

Die Bodenlebewesen machen sich im Verbund über die anfallende abgestorbene organische Substanz her. Dabei hat jeder Organismus seine spezifische Aufgabe zu erfüllen. Zuerst nehmen sich die Bakterien der leicht abbaubaren Substanzen an. Gleichzeitig beginnen Pilze, sich mit dem Abbau holziger Teile zu beschäftigen. Die einzelnen Arten sind meist nur an einem bestimmten Punkt der Abbaukette aktiv. Ist ihre Arbeit getan, ziehen sie sich zurück oder warten einfach ab, bis ihre Zeit wieder gekommen ist. Wichtig ist eine stete Zufuhr von Fressbarem. Sehr begehrt sind Stroh, abgestorbene Unkrautpflanzen, Zwischenfrüchte, Untersaaten, aber auch Mist. Die Nahrung sollte am besten auf der Bodenoberfläche oder im obersten Bodenbereich angeboten werden. Wahrhaft paradiesische Zustände stellen sich ein, wenn der ökologische Landbau über den Weg der Fruchtfolge abwechslungsreiche Kost anbietet.

Ohne Bodenlebewesen wäre der Erdboden in relativ kurzer Zeit von unzersetztem Laub oder anderen organischen Überresten bedeckt. Die Bodenlebewesen zerkleinern diese Pflanzenstreu, nehmen sich jedoch auch abgestorbener Wurzeln oder toter Bodenlebewesen an. Ein Großteil dieser Substanzen wird zu Humus umgewandelt. Dabei werden Nährstoffe frei, die für die Pflanzen lebensnotwendig sind. Ein anderer Teil der Nährstoffe verbleibt als stille Reserve im Humus.

Die organische Bodensubstanz besteht im Durchschnitt zu 85 Prozent aus Humus, zehn Prozent machen Pflanzenwurzeln aus, ein Anteil von fünf Prozent entfällt auf die Bodenlebewesen. Der Humus gibt dem Boden seine schwarze Farbe. Er speichert nicht nur Nährstoffe, sondern ist auch für die Bodenstruktur sowie die Aufnahmefähigkeit und Speicherung von Wasser verantwortlich. Durch den Anbau von Leguminosen kann man den Humusgehalt deutlich erhöhen.

Der Boden – wertvoll und verwundbar zugleich

Aus dem hier nur kurz skizzierten komplexen Gleichgewicht wird deutlich, wie schwerwiegend Eingriffe des Menschen sein können. Setzt ein Landwirt Pestizide gegen Pilze ein, reduziert sich deren Abbauleistung drastisch. Stroh bleibt dann beispielsweise viel länger »unverdaut« auf dem Boden liegen; auf ökologisch bewirtschafteten Flächen verschwindet es hingegen rasch. Ein anderer nachteiliger Eingriff in das Ökosystem Boden ist das Befahren von Ackerflächen mit schweren Maschinen, insbesondere wenn der Boden feucht ist und daher nicht gut trägt. An den verdichteten Stellen fehlt vielen Bodenlebewesen buchstäblich die Luft zum Atmen. Im Extremfall überleben nur die Bakterien, die ohne Sauerstoff auskommen können. Diese anaeroben Bakterienstämme können Lachgas produzieren, welches aus dem Boden entweicht und den Treibhauseffekt beschleunigt. Es dauert Jahre, bis sich der Boden von einer derartigen Gewichtsbelastung regeneriert hat. Was Bodenlebewesen am stärksten bedroht, ist jedoch der vollständige Verlust ihres Lebensraums infolge Überbauung.

Unter naturnahen Bedingungen enthält der Boden alle wichtigen Bodenlebewesen in einem ausgewogenen Verhältnis. Sorgt man für den Erhalt ihrer optimalen Lebensbedingungen, steht einer gesunden Vermehrung nichts im Wege und es stellt sich ein ökologisches Gleichgewicht ein. Auch wenn es unseren Sinnen zumeist verborgen bleibt, ist der Boden doch ein Hort des Lebens. Damit das so bleibt, müssen die »unterirdischen Kühe« gehegt und gepflegt werden. Der ökologische Landbau liefert hierfür die besten Voraussetzungen.

Werner Vogt-Kaute

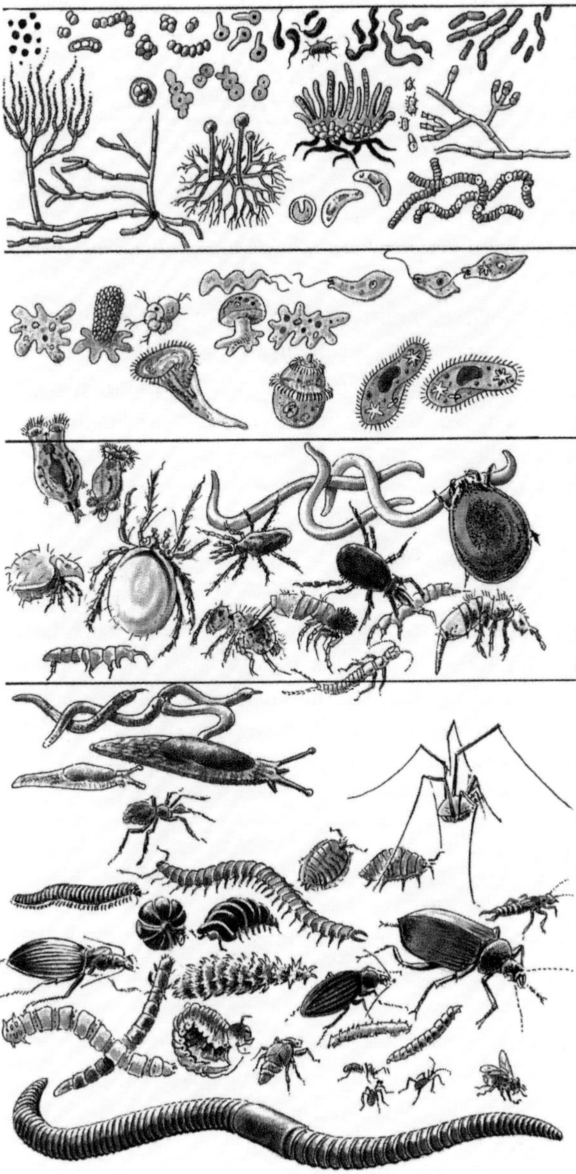

Lebewesen	Gewicht	Anzahl
Pflanzliche Mikroorganismen		
Bakterien	50 g	1 000 000 000 000
Strahlenpilze	50 g	10 000 000 000
Pilze	100 g	1 000 000 000
Algen	1 g	1 000 000
Tierische Mikroorganismen		
Geißeltierchen		500 000 000 000
Wurzelfüßer	10 g	100 000 000 000
Wimpertierchen		1 000 000
Kleintiere		
Rädertiere	0,01 g	25 000
Fadenwürmer	1 g	1 000 000
Milben	1 g	100 000
Springschwänze	0,6 g	50 000
Größere Kleintiere		
Borstenwürmer	2 g	10 000
Schnecken	1 g	50
Spinnen	0,2 g	50
Asseln	0,5 g	50
Vielfüßler	4,5 g	300
Käfer und Larven	1,5 g	100
Zweiflüglerlarven	1 g	100
übrige Kerbtiere	1 g	150
Regenwürmer	40 g	80

Lebewesen pro Quadratmeter Boden in einer Tiefe bis 30 cm.
Quelle: Jedicke, Eckhard (1989): Boden. Entstehung, Ökologie, Schutz. Ravensburger Buchverlag, Ravensburg.

Der Himmelblaue Bläuling – ein zarter Falter in Bedrängnis

Dieser Schmetterling ist ein typischer Vertreter der artenreichen Familie der Bläulinge. Es handelt sich um einen relativ kleinen Falter des Offenlandes. Der Name »Bläuling« leitet sich von der Flügeloberseite der Männchen ab, die blau gefärbt ist. Dies trifft jedoch längst nicht auf die gesamte Formenvielfalt der Familie zu, denn vor allem in den Tropen gibt es Bläulinge, die man mit einem durchschnittlichen mitteleuropäischen Vertreter nicht so ohne Weiteres in Verbindung bringen würde.

Dramatischer Rückgang

Früher waren Bläulinge bei uns überall und zahlreich auf Wiesen anzutreffen. Heute ist das leider nicht mehr so, die meisten Arten gehen stark zurück. Das macht sie zu begehrten Objekten für Sammler, die Seltenheitswert in klingende Münze umsetzen möchten. Derartiges Sammeln aus Selbstzweck und Profitgier ist heutzutage zu Recht verpönt.

Wissenschaftlich begründete, nicht profitorientierte Sammlungen sind hingegen unverzichtbar für die Erforschung von Insekten. Und im Hinblick auf ihre hohe Reproduktionsrate gibt es auch kein Beispiel dafür, dass wissenschaftliches Sammeln je eine Falterart gefährdet hätte. Zum Vergleich: Pro Minute sterben auf den Straßen Europas mehr Insekten an Windschutzscheiben und Kühlergrills, als alle Sammler der Welt in hundert Jahren zusammengetragen haben. Allein die Zoologische Staatssammlung München beherbergt die vermutlich weltweit größte Schmetterlingssammlung mit insgesamt mehr als sieben Millionen Exemplaren. Darunter sind viele Himmelblaue Bläulinge aus allen Teilen ihres Verbreitungsgebiets. Derartig umfangreiche Serien sind unter anderem zur Beweissicherung des Vorkommens für naturschutzfachliche Fragestellungen notwendig, oder wenn Variationsbreite und Arealverschiebungen studiert werden sollen.

Kleiner Unterschied ganz groß

Die Männchen des Himmelblauen Bläulings besitzen unter allen einheimischen Bläulingen das schönste und strahlendste Blau. Daran kann man sie schon im Flug eindeutig bestimmen. Bei näherer Betrachtung besitzen die

Himmelblauer Bläuling *(Polyommatus bellargus)*

Wissenswertes__Der Falter ist vor allem in Magerrasen auf Kalkboden anzutreffen. Nährstoffeintrag und Bebauung führen in zunehmendem Maße zum Verlust seines Lebensraumes. Zu bewundern ist er zweimal im Jahr: im Mai und Juni sowie im August.
Bemerkenswertes__Die Raupen leben mit Ameisen zusammen – zum gegenseitigen Nutzen. Die Ameisen fungieren als Beschützer, die Raupen belohnen sie für diesen Dienst durch Absonderung eines süßen Sekrets.

Flügel eine feine dunkle Randlinie und der weiße Flügelsaum ist durch feine dunkle Querstreifen auf Höhe der Flügeladern unterteilt. Die Weibchen hingegen sehen völlig anders aus – sie müssen sich mit einem unspektakulären dunklen Braunton begnügen. Ihre einzige Zierde ist eine Reihe äußerer orangefarbener Mondflecken, die parallel zum Flügelrand verlaufen und auf dem Hinterflügel durch schwarze Punkte gekernt sind. Das Phänomen völlig unterschiedlich gefärbter Geschlechter bezeichnet man als Sexual-Dichroismus. In seltenen Fällen treten jedoch auch Formen auf, bei denen die Weibchen mehr oder weniger stark mit Blau »übergossen« sind.

Abgesehen von dem hervorstechenden Blau der Männchen sind alle bislang genannten Merkmale nicht sonderlich charakteristisch, denn sehr viele einheimische Bläulinge sehen oberseits mehr oder weniger ähnlich aus. Die Hauptmerkmale zur eindeutigen Bestimmung liegen nämlich auf der abwechslungsreich gezeichneten Unterseite. Hier sieht man ein Sammelsurium an dunklen, hell gerandeten »Augenflecken«, die sogenannten Ocellen, weißen Wischen, orangefarbigen und schwarzen Randmonden. Basisnahe Ocellen auf den Vorderflügeln und ein weißer Längswisch nahe dem Außenrand der Hinterflügel sind recht charakteristisch für den Himmelblauen Bläuling. Aber selbst dann ist es auch für erfahrene Entomologen, wie man Insektenexperten in Fachkreisen nennt, oft nicht einfach, die Weibchen vom artverwandten Silbergrünen Bläuling zu unterscheiden. In Südeuropa kommen noch weitere Verwandte hinzu, die sehr schwierig abzugrenzen sind. Besonders hilfreich zur Unterscheidung sind in diesem Zusammenhang moderne molekularbiologische Methoden, wie das sogenannte DNA-Barcoding.

Ein cleveres Tauschgeschäft

Der Falter fliegt bei uns in zwei Generationen im Mai bis Anfang Juni und im August bis Anfang September. Zwischen der Flugzeit des Himmelblauen Bläulings tritt die Generation des nahe verwandten Silbergrünen Bläulings auf. In manchen Jahren erscheinen die ersten »Silbergrünen« zeitgleich mit den letzten »Himmelblauen« der Frühjahrsgeneration. In seltenen Fällen kann es dann zu artfremder Paarung kommen. Daraus gehen sterile Hybriden hervor, die Merkmale beider Arten tragen.

Die kleinen rundlichen, weißlichen, mit feinen Waben versehenen Eier werden an den Blättern des Hufeisenklees abgelegt. Die asselförmigen, grünlichen Raupen, die daraus schlüpfen, tragen zwei Reihen gelber Punkte auf dem Rücken und einen gelben Streifen an der Seite. Tagsüber sind sie unter den Polstern der Fraßpflanze verborgen. Wie viele andere Bläulingsraupen auch, sind sie häufig mit verschiedenen Ameisenarten vergesellschaftet: Die Raupen sondern ein süßliches Sekret ab, das bei den Ameisen sehr beliebt ist. Deshalb werden sie von Ameisen regelmäßig zum »Melken« aufgesucht und genießen im Gegenzug Schutz vor potenziellen Feinden. Diese besondere Beziehung wird als Myrmekophilie bezeichnet.

Die Puppe ist unscheinbar olivbraun; sie wird am Erdboden in unmittelbarer Nähe der Nahrungspflanze, etwa unter Steinen verborgen, angelegt. Der Falter fliegt im Sonnenschein und besucht vornehmlich die Blüten von Schmetterlingsblütlern, wobei eine Vorliebe für die Futterpflanze der Raupe bestehen bleibt.

Mager, warm und trocken soll es sein

Der Himmelblaue Bläuling kommt in Süd- und Mitteleuropa sowie in Südengland bis etwa 55 Grad nördlicher Breite vor, fehlt aber in den südlichen Bereichen Italiens und Griechenlands. Er ist nur sehr lokal, an wärmebegünstigten Stellen anzutreffen, so zum Beispiel in Halbtrockenrasen und deren Versaumungsstadien, an sonnigen, mageren Hängen vor allem im Bayerischen Jura oder im Gebirge an südexponierten Trockenhängen.

Die Spezialisierung auf magere Standorte ist auch sein Verhängnis: Dank der intensiven Landwirtschaft werden heute Magerrasen kaum noch durch schonende Beweidung offen gehalten und wachsen allmählich zu. Dieser Prozess wird durch die große Menge an Gülle, die man auf Felder und Wiesen ausbringt, in verheerender Weise beschleunigt: Die mikrobielle Bodenflora setzt aus der Gülle Stickstoffverbindungen frei, die über den Luftpfad verbreitet werden und auch weit vom Ort der Gülleausbringung entfernt düngende Wirkung entfalten (»Luftdüngung«). Der erhebliche Nährstoffeintrag aus der Luft hat für die Ökosysteme mannigfache Folgen: In ursprünglich mageren Biotopen kommt es zu einem massiven Pflanzenwachstum, was wiederum das Mikroklima verändert. Schmetterlingsarten, die auf kümmernde Pflanzen angewiesen sind, gehen in ihrem Bestand stark zurück. Das gesamte Pflanzenspektrum verschiebt sich hin zu Stickstoffliebenden oder zumindest -tolerierenden Arten.

Speziell die an Magerstandorte angepassten Arten, darunter viele Bläulinge, haben unter solchen Umwälzungen stark zu leiden und sind daher in starkem Rückgang begriffen. Auf diese Weise wirkt die intensive Landwirtschaft heute als Hauptvernichter unserer heimischen Schmetterlingsvielfalt. Der Himmelblaue Bläuling steht daher auf der Roten Liste der gefährdeten Tierarten Bayerns – die Insektensammler trifft hier definitiv keine Schuld!

Andreas Segerer

Einheimische Wildblumen bevorzugt – Wie man einen Schmetterlingsgarten anlegt

Schmetterlinge sind nicht nur schön anzusehen, sie spielen auch eine wichtige Rolle im Naturhaushalt. Viele Pflanzen können nur von bestimmten Schmetterlingen bestäubt werden. Doch mit der zunehmenden Monotonie unserer Kulturlandschaft ist das Angebot geeigneter Futterpflanzen stark rückläufig. Wer Schmetterlinge und deren Raupenstadien unterstützen möchte, kann dies durch Anlegen eines Schmetterlingsgartens tun.

Und so wird's gemacht

- Schmetterlinge lieben naturnahe Gärten. Brennnesseln und andere »Unkräuter« sind daher ausdrücklich willkommen. Insbesondere viele Distelarten eignen sich bestens als Futterpflanzen für Raupen, aber auch als Nektarpflanzen für die Schmetterlinge.
- Einheimische Wildpflanzen wie Ampfer, Fetthenne oder Steinkraut bieten ein perfektes Futterangebot und sind den meisten »Exoten« vorzuziehen.
- Manche Schmetterlinge haben eine Vorliebe für gärendes Obst. Apfel- und Birnbäume bieten daher im Herbst beste Voraussetzungen für einen reich gedeckten Tisch – sofern man die Früchte liegen lässt.
- Um vom zeitigen Frühjahr bis in den Sommer und Frühherbst hinein ein konstantes Nektarangebot aufrecht zu erhalten, sollte man die verschiedenen Blütezeiten beachten. Beliebte Frühjahrsblüher sind das Leberblümchen oder das Veilchen, von Juli bis Oktober entfaltet der Sommerflieder seine Pracht.

☞ Wer die oben genannten Tipps befolgt, betreibt nicht nur aktiven Tierschutz, sondern darf sich an Naturschönheiten vom Admiral über das Tagpfauenauge bis hin zum Zitronenfalter erfreuen.

Um Schmetterlingen ein attraktives Umfeld zu bieten, seien folgende Bücher empfohlen:

Heiko Bellmann
Der neue Kosmos-Schmetterlingsführer
Schmetterlinge, Raupen und Futterpflanzen
Franckh-Kosmos Verlag, Stuttgart, 2003

Helmut Hintermeier, Magrit Hintermeier
Schmetterlinge im Garten und in der Landschaft
Obst- und Gartenbauverlag, München, 2005

Die Rauchschwalbe – die Königin der Bauernregeln

Mal ganz ehrlich: Was wäre ein Frühling ohne Schwalben? Diesem kleinen, fröhlichen Flieger ist es gelungen, sich über die Jahrtausende hinweg tief in unsere Herzen, aber auch in zahlreiche Bauernregeln einzuschleichen:

An Gregor (12. März) kommt die Schwalbe über des Meeres Port,
an Benedikt (21. März) sucht sie im Haus einen Ort,
an Bartholomä (24. August) zieht sie wieder fort.

Wenn Maria sich verkündet (25. März), die Schwalbe heimwärts findet,
zu Maria Geburt (8. September) fliegt sie wieder furt.

Wenn die Schwalben im August schon zieh'n – sie vor naher Kälte flieh'n.
Fliegen Schwalben hoch, wird das Wetter schöner noch,
fliegen Schwalben nieder, kommt grobes Wetter wieder.

Schwalben haben relativ wenig Scheu vor dem Menschen und bauen sich sogar in seiner Nähe ihre Nester. Es war daher nur folgerichtig, ihren Lebensrhythmus zu studieren und die Erkenntnisse in so manche Bauernregel einfließen zu lassen, schließlich gab es zu jener Zeit noch nicht an jeder Wand einen Kalender und der Erfolg einer Ernte entschied stärker als heute über Hunger und Überleben. Präzise Naturbeobachtungen waren demnach Trumpf und die Schwalbe mit ihrem gut beobachtbaren Abflug in die Winterquartiere und ihrer Wiederkehr im Frühling eine willkommene Hilfe. Um welche Schwalbenart es sich im Einzelnen handelte, war hierbei egal.

Familie Schwalbe ist zu dritt

In unseren Breitengraden lassen sich drei verschiedene Arten beobachten: die Mehlschwalbe mit ihrem elegant glänzenden, blauschwarzen Gefieder, dem »Mehl«-weißen Bauch und Bürzel, die sie aussehen lassen, als hätte sie ein weißgewaschenes Höschen an. Die kleinere Uferschwalbe, mit gediegenem Dunkelbraun an Rücken und Flügel, einem ebenfalls hellen Bauch bis zum Schnabel, lediglich unterbrochen durch einen ordentlich gezeichneten braunen Kragen am Hals. Und zuletzt die Rauchschwalbe, die ganz nach Schwalbenart am gegabelten Schwanz zu erkennen ist, wobei der ihre aber besonders tief eingeschnitten ist, was insbesondere bei den Männchen ausgesprochen lange Schwanzspieße zur Folge hat. Ansonsten ist auch ihr Gefieder oberseitig glänzend blauschwarz, während der Bauch wieder reinweiß erstrahlt, wozu ein wiederum blauschwarzes Lätzchen reizvoll kontrastiert. Das an sich blauschwarze Gesicht ziert eine rostrote Kehle, die einer Legende nach mahnendes Überbleibsel eines tierischen Eifersuchtsdramas sein soll, wonach die Eine die Andere solange würgte, bis sich das Kehlchen rostrot verfärbte.

Alle drei bei uns vorkommenden Schwalbenarten sind ansonsten gesellig und brüten in Kolonien. Die Uferschwalben graben dazu tiefe Nisthöhlen in Sand- oder Kieswänden in Gewässernähe, Mehlschwalben kleben aus Erdklümpchen und Speichel zusammengefügte Nistschalen an die Außenmauern von Gebäuden oder unter Überhängen von Felsen, Kirchtürmen oder Brücken. Die Rauchschwalbe verstärkt ihre Erdklümpchen-Speichel-Nester meist noch mit Pflanzenstängeln und bringt sie auf Balken oder Vorsprüngen in Ställen oder Scheunen an. Aber sie tun das immer in Gemeinschaft. Darum haben sie nicht wie die einzeln brütenden Amseln, Nachtigallen oder Meisen das Problem, sich ein Territorium erobern zu müssen, was jene in erster Linie mit gut hörbarem und ausgefeiltem Gesang meistern. Schwalben brauchen das nicht. Ihnen reicht ihr feines fröhliches Durcheinandergezwitscher, um sich vielleicht gegenseitig die allerneuesten Neuigkeiten oder vielleicht auch nur ihre Lebensfreude oder das »Noch-am-Leben-sein« kundzutun.

Mautfrei durch den Tauerntunnel

Auch ein Futterrevier braucht sich die Schwalbe nicht zu erstreiten, schließlich ist der Luftraum groß genug und wäre ohnehin nicht zu unterteilen. Dort, in den endlosen Weiten des Himmels, findet sie ihre Nahrung: fliegende Insekten. Dies erscheint einerseits ein großer Vorteil zu sein, andererseits zwingt sie die Insektenkost dazu, im Winter ihre Heimat, dort wo sie aus dem Ei geschlüpft und im Nest groß geworden ist, zu verlassen und die weite und gefährliche Reise in den Süden anzutreten. Wohin Schwalben fliegen, ist heute ziemlich genau bekannt. Unzählige Individuen wurden hierzu beringt und ihre Aufenthaltsorte akribisch aufgezeichnet. Seit kurzem werden sie gar mit Kleinstsendern ausgestattet – ein Wunder der Technik, wenn man bedenkt, dass eine ausgewachsene Rauchschwalbe gerade mal 16 bis 25 Gramm auf die Waage bringt! Aus all diesen Untersuchungen wissen wir, dass diese zarten Wesen bis nach Südafrika ziehen, um zu überwintern. Immerhin sind das nahezu zehntausend Kilometer einfach! Dass Schwalben außerdem clevere Kerlchen sind, machte die verblüffende Beobachtung deutlich, dass alljährlich Trupps von Mehl- und Rauchschwalben statt mühsam über die Alpenkette raum- und zeitsparend durch den Tauerntunnel

Rauchschwalbe *(Hirundo rustica)*

Wissenswertes__Die Rauchschwalbe ist ein Kulturfolger par excellence. Sie brütet in Gebäuden und bevorzugt für ihre Flugkünste offene Landschaften. Glaubt man den Bauernregeln, ist sie bei uns zwischen Ende März und Anfang September anzutreffen. Ihr Bestand ist noch befriedigend hoch, sie ist aber seltener geworden.
Bemerkenswertes__Sie überwintert in Südafrika und legt dazu Strecken von bis zu zehntausend Kilometern zurück.

fliegen – mautfrei versteht sich. Ein Drittel der europäischen Rauchschwalben überwintert in einem Sumpfgebiet in Südafrika, in dessen direkter Nachbarschaft anlässlich der Fußballweltmeisterschaft 2010 ein Großflughafen errichtet wurde, der um ein Haar das Aus für diese sumpfige Überwinterungslandschaft bedeutet hätte. Nur ein beherzter Einspruch der internationalen Naturschutzverbände verhinderte dies. Zwar wurde der Flughafen gebaut – wie auch sonst sollten die Fußballfans die Stadien erreichen? – aber der Sumpf durfte bleiben und die Flugzeuge werden mit geeigneten Vergrämungen vor Vogelschlag geschützt.

Dass Vögel und somit auch Schwalben im Winter in den Süden fliegen, ist allgemein bekannt, aber noch nicht so lange. Zur Zeit der Entstehung der Bauernregeln wusste man zumindest schon, dass sie übers Meer fliegen. Aristoteles (384–322 v. Chr.) beobachtete im 4. Jahrhundert v. Chr., dass Schwalben im Herbst und am Abend im Tiefflug über sumpfigem Gelände flogen und schloss daraus, dass sie reptiliengleich den Winter im Schlamm vergraben verbringen. Da er ein großer Gelehrter war, blieb das von ihm Gesagte lange Zeit unangefochtene Wissenschaft. Wir lächeln heute darüber. Aber wir sollten daraus lernen, dass das Wissen von heute durchaus zu den Irrtümern von morgen zählen könnte!

Ein Wohnturm für Schwalben

Heute nehmen die Schwalbenbestände immer mehr ab, und so richtig scheint es kaum jemanden zu kümmern. In einem Münchner Vorort begannen Mehlschwalben in einer Neubausiedlung eine Brutkolonie zu gründen, was große Aufregung verursachte: Die mühsam gebauten Nester wurden abgeschlagen, die Brutplätze mit Stacheln oder Abwehrbrettern versehen. Man befürchtete Beschmutzung und Wertminderung der teuren Heime.

Nachdem wir heute in vielen Formen über Kalender verfügen, immer wissen, welche Zeit und Jahreszeit es geschlagen hat und wir unser täglich Brot nicht mehr einem Acker abgewinnen müssen, sondern egal wie trocken oder nass der Sommer nun war unsere Nahrungsmittel in den Regalen der Lebensmittelketten kaufen können, löst sich diese Jahrtausend alte Verbundenheit zwischen Mensch und Schwalbe langsam auf. Doch die erste Schwalbe, die vom nahen Sommer kündet, freut uns immer noch.

Neben der Neubausiedlung wurde auf Drängen von Naturschützern ein alternativer Wohnturm für die Schwalben errichtet – damit wir und unsere Kinder auch in Zukunft die Schwalben und den Frühling willkommen heißen können.

Eva Schneider

Das Rebhuhn – ein Hühnervogel liebt die Unordnung

Eigentlich ist das Rebhuhn ein Vogel der Steppen und Heidegebiete. Doch als im Mittelalter Siedler die Wälder zu roden begannen und in Äcker und Viehweiden verwandelten, entstanden ideale Lebensräume für Rebhühner. Sie wanderten in die Menschen gemachten Steppen ein und gediehen dort über die Jahrhunderte so prächtig, dass sie bis in die jüngere Vergangenheit sogar als Arme-Leute-Essen galten.

Nicht nur Bauern bereicherten mit Rebhühnern ihren Mittagstisch, auch die herrschenden Eliten fanden Gefallen an der Hühnerjagd. Sie schickten ihre Stöberhunde ins Feld und schossen die aufgescheuchten Vögel mit Schrot oder ergötzten sich an den rasanten Jagdflügen ihrer abgerichteten Habichte und Falken, die sie von der Faust auf die aufgestöberten Rebhühner warfen. Der größte Rebhuhnjäger soll Friedrich Wilhelm I. von Preußen (1688–1740) gewesen sein. Die Jagdstatistiken berichten, dass er in den zwölf Jahren von 1722 bis 1733 sage und schreibe 17.890 Stück erlegte. Das entspricht einer jährlichen Strecke von fast 1.500 Exemplaren!

Allerlei vom Rebhuhn

Rebhühner gehörten zur offenen Landschaft wie der Punkt aufs »i«. Sie geisterten durch Märchen und Mythen, und wie bei so vielen anderen Tieren sagte man auch ihnen geheimnisvolle Zauberkräfte nach. So berichtete schon Plinius der Ältere (um 23–79), dass Rebhuhnbrühe den Magen stärke und ein zerriebener Rebhuhnmagen in schwarzem Wein bei Darmgicht von Nutzen sei. Besondere Heilkräfte schrieb Plinius Rebhuhneiern zu. Er riet, sie in einem kupfernen Gefäß mit Honig zu kochen und das Gebräu als Heilmittel gegen Augengeschwüre und Star anzuwenden. Die Asche von Rebhuhneierschalen, vermischt mit Kobalt und Wachs, wirkt angeblich sogar einem Hängebusen entgegen. Noch in jüngerer Zeit aß man Rebhuhneier als Heilmittel gegen Unfruchtbarkeit, und die Galle der kleinen Hühnervögel einmal wöchentlich auf die Schläfen gerieben, sollte dem Gedächtnis auf die Sprünge helfen. Ihre gedörrte, pulverisierte Leber schließlich galt als sicheres Mittel gegen Epilepsie.

Ein Allerweltsvogel vor dem Verschwinden

Mal ganz abgesehen davon, dass gegen Unfruchtbarkeit, Gicht und Geschwüre heute andere Heilmittel üblich sind: Rebhühner könnten die Hausapotheke schon deshalb nicht mehr beliefern, weil die einstigen Allerweltsvögel sehr, sehr selten geworden sind. In der Roten Liste der gefährdeten Arten werden sie in der Kategorie »stark gefährdet« einsortiert, und der NABU (Naturschutzbund Deutschland) kämpft seit langem dafür, dass das Rebhuhn nicht nur befristet von der Jagd verschont, sondern endgültig aus der Liste jagdbarer Tiere gestrichen wird.

Wie konnte aus einem Vogel, der auf allen Wiesen zu Hause war, ein Todeskandidat werden? Wer liest, was der berühmte Ornithologe Johann Friedrich Naumann Anfang des 19. Jahrhunderts über die Lebensbedürfnisse des Rebhuhns schrieb, weiß die Antwort: »Nicht von allem Gesträuch entblößte Felder mit hohen Grasrainen oder tiefen Abzugsgräben, deren Ränder erhöhet und mit langem Grase und allerlei Stauden bewachsen sind, wählt es gern zum Aufenthalt, vorzüglich aber dann, wenn hin und wieder auch ein großer Dornbusch, eine Feldhecke, ein mit Weidengesträuch besetzter Graben und fette Wiesenflecke darin vorkommen – und [es] liebt nur die Felder, welche wegen der Verschiedenheit der darauf angebauten Gewächse ihnen die meiste Abwechslung geben.«

Ein lebensfreundliches Maß an Unordnung

Mit anderen Worten: Rebhühner schätzen Kulturland, das von der Flurbereinigung übersehen wurde, traditionell bewirtschaftet wird und ein abwechslungsreiches Mosaik mit artenreicher Pflanzen- und Insektenwelt geblieben ist.

In dieser Art Kulturland finden auf einem Quadratkilometer hundert Rebhuhnpaare mit ihren Küken alles, was sie zum Leben brauchen. In der heute üblichen Land(wirt)schaft dagegen überleben auf einem Quadratkilometer bestenfalls zehn Rebhuhnpaare – wenn es sie dort überhaupt noch gibt.

Aber was haben Rebhühner nur gegen herrlich grüne Wiesen einzuwenden? Herrlich sind grüne Wiesen wohl nur in unseren Augen, denn Grün ist gleichbedeutend mit Blumenarmut. Wo wegen Überdüngung und zu früher und zu häufiger Mahden kaum mehr Blumen wachsen, werden auch Insekten zur Seltenheit. Und wo es keine Insekten gibt, finden Rebhuhnküken nichts zu fressen.

Junge Rebhühner sind Nestflüchter. Sie werden nicht von ihren Eltern mit herbeigeschlepptem Futter versorgt, sondern müssen sich ihre Käfer, Ameisen, Raupen und Spinnen selbst zusammensuchen – und zwar im näheren Umkreis, denn Küken sind keine Langstreckenläufer. Eine Rebhenne, der

Rebhuhn *(Perdix perdix)*

Wissenswertes__Auch das Rebhuhn muss mittlerweile Gift und Kreiselmäher mehr fürchten als Fuchs oder Wiesel. Sein Bestand gilt als stark gefährdet. Im strukturreichen Offenland ist der Standvogel daher nur noch selten, dann aber ganzjährig anzutreffen.

Bemerkenswertes__Das Rebhuhn galt seit der Antike als Heilmittel; Magen und Eier fanden Anwendung bei Darmgicht, Augenleiden oder Unfruchtbarkeit.

das Kunststück gelingen sollte, auf einem modern bewirtschafteten Feld oder einer Fettwiese ihre Eier auszubrüten, müsste mit den frisch geschlüpften Kleinen einen wahren Gewaltmarsch absolvieren, um bis zum nächsten insektenhaltigen Wegrand zu gelangen.

Doch wahrscheinlich wird die Rebhenne gar nicht erst das Stadium der Küken führenden Mutter erreichen, sondern lange vorher ihrem Instinkt zum Opfer fallen: Brütende Hennen verlassen sich instinktiv auf ihre Tarnung. Ihr Gefieder mit seiner raffinierten Kombination aus feinsten Wellenmustern, Streifen, Bändern, Flecken und Linien macht die reglos auf ihren Eiern sitzende Henne im hohen Gras fast unsichtbar. Gegen Füchse, Hunde, Wiesel und Krähen ist regloses Ausharren daher auch die ideale Strategie; angesichts eines heranratternden Kreiselmähers aber ist dieses Verhalten tödlich. Viele Rebhennen bezahlen schon den ersten Brutversuch mit ihrem Leben.

Doch selbst wenn sich die Henne im letzten Moment mit einem Blitzstart in Sicherheit bringt, ist ihr Gelege verloren: Die ungeschützt daliegenden Eier werden im Nu von Rabenkrähen oder Elstern erspäht und verspeist. Könnten die Hühner ihre Bodennester im Schutz von Hecken, am Rande von Feldgehölzen oder im Wirrwarr verkrauteter Wegraine anlegen, hätten die Gelege noch eine Chance – aber Feldgehölze und Hecken sind selten geworden und Wegraine werden notorisch »in Ordnung gebracht«, regelmäßig abgeraspelt oder sogar mit Herbiziden besprüht.

Das Rebhuhn – zusammen mit Kiebitz, Feldlerche, Grauammer und vielen anderen Wiesenvögeln – wird nur dann überleben, wenn wir uns wieder zu einem lebensfreundlichen Maß an Unordnung bekennen. Es gibt keinen vernünftigen Grund, Feldgehölze »aufzuräumen« und Brennnesselfluren totzuspritzen. Menschen, die es auch draußen gern rechtwinklig und leergefegt haben, befürchten, in solchen sich selbst überlassenen Winkeln könnte sich »Ungeziefer« ansiedeln. Doch gerade all die Ameisen, Raupen, Spinnen, Käfer und Kellerasseln, die in diesem grünen Wirrwarr ein prächtiges Leben führen, sind das Basisfutter der Rebhuhnküken, der jungen Kiebitze sowie der Nestlinge von Grau- und Goldammer.

Veronika Straaß

Die Saatkrähe – ein lautstarker Vogel im schwarzen Rock

Oft meint man, dass man Raben sähe,
doch ist es nur die Rabenkrähe.
Ihr Unterschied ist unerheblich
zur Nebelkrähe, die, wenn's neblich,
von Osten kommt, im Herbst und Winter.
Saatkrähen, bläulich, stelzen hinter
dem Pflug her, nach Gewürm zu graben.
Das Volk nennt auch die Krähen: Raben.
Sie werden zahm zwar, lernen sprechen,
doch bleibt die Neigung zum Verbrechen.
Hingegen für die eigne Brut
die Rabeneltern sorgen gut.

Eugen Roth

Jeden Herbst wiederholt sich das gleiche Schauspiel: Wie aus dem Nichts tauchen riesige Krähenschwärme auf, ziehen über den novembergrauen Himmel und fallen allabendlich unter lautstarkem Palaver in ihre Schlafbäume ein. Und jeden Herbst hört man dazu die gleichen Kommentare: »Die Raben nehmen überhand. Das ist ja schon wie bei Hitchcock«, gefolgt von einer brummigen Bemerkung über Nesträuber und Singvogelkiller.

Saatkrähen und ihre Verwandtschaft

Alles, was groß und schwarz ist und einen eindrucksvollen Schnabel hat, läuft im Volksmund unter dem Sammelbegriff »Rabe«, doch die Vögel, die im Herbst majestätisch über unseren Himmel rudern, sind weder Raben – Kolkraben genauer gesagt – noch Rabenkrähen, ihre kleineren Verwandten, sondern Saatkrähen. Auch wenn die Vogelhorden Legionenstärke erreichen: Mit einer Bevölkerungsexplosion hat ihr Erscheinen nichts zu tun. Die Zuzügler sind nur Saisongäste, geflügelte Touristen sozusagen. Die Saatkrähen, die im Winter so manchem Städter mit ihrem vielstimmigen Gekrächze auf die Nerven gehen, kommen aus Osteuropa, dem Balkan oder Südskandinavien. Sie weichen vor den eisigen Temperaturen ihrer Heimat in mildere Gebiete aus und lassen unsere Saatkrähenbestände im Winter manchmal auf das über hundertfache anwachsen.

Und was ist dran an dem Verdacht, die Vögel seien hinter Eiern und Singvögeln her? Nichts. Oder doch fast nichts. Nesträuber gibt es zwar bei ihren nahen Verwandten, bei den Elstern und Rabenkrähen, aber Saatkrähen versetzen allenfalls Regenwürmer, Engerlinge und Kohlschnakenlarven in Panik. Außerdem fangen sie mit großem Geschick Mäuse. Eine Biologie-Doktorandin hat ermittelt, dass eine rund 4.000-köpfige Schar überwinternder Saatkrähen im Kraichtal in der Nähe von Heidelberg in einem einzigen Winter über 35.000 Mäuse erbeutet hat!

Eigentlich müsste diese Leistung die Saatkrähen zu den Lieblingen der Landwirtschaft machen, wäre da nicht noch eine andere Vorliebe: Wie ihr Name schon sagt, ist keimende Saat für sie eine Delikatesse. Wenn das Getreide gerade erst aufgegangen ist und die ersten Blättchen aus dem Boden spitzen, sieht man die schwarzen Vögel gemessen die Saatreihen abschreiten und einen Keimling nach dem anderen aus der Erde zupfen. Auch milchreifes Getreide oder saftige Maiskolben kurz vor der Ernte sind ungemein beliebt.

Scheuchen statt Schießen

Es ist noch gar nicht lange her, da wehrte man sich gegen solche Übergriffe mit brachialen Methoden: Man schoss mit Schrot von unten in die Nester, legte Giftköder aus oder fällte die Nistbäume. Die Bestände gingen schließlich so rasant zurück, dass die Saatkrähe in einigen Bundesländern zu verschwinden drohte. Erst als die Naturschutzverbände Alarm schlugen und sie 1986 zum »Vogel des Jahres« kürten, änderte sich das Denken allmählich; die Vernichtungsaktionen wurden seltener, die Jagd auf Saatkrähen wurde verboten. Heute haben sich die schwarzen Vögel mit den weißen Gesichtern zumindest in Deutschland von ihrem Bestandstief gut erholt. Und werden sie doch einmal lästig, kann man die schwarzen Kerle mit weniger drastischen und dennoch wirksamen Methoden auf Abstand halten: Man kann die Samen tiefer einsäen, als ihre Schnäbel reichen, kann den Vögeln mit bitter schmeckenden Beizsubstanzen den Appetit verderben, kann Krähenwarnrufe vom Band abspielen, Krähenattrappen aus Holz oder Pappe aufhängen und notfalls sogar ablenkende Futterflächen in der Nachbarschaft der gefährdeten Kulturen anlegen.

Gemeinsam sind sie stark

Eine Saatkrähe ohne Artgenossen ist fast so undenkbar wie ein Hering ohne Schwarm. Saatkrähen unternehmen alles gemeinsam – und sie haben dafür handfeste Gründe: Gehen sie beispielsweise gemeinsam auf Futtersuche,

Saatkrähe *(Corvus frugilegus)*

Wissenswertes__Unsere heimische Saatkrähe erhält im Winter Verstärkung aus Nord- und Osteuropa. Sie ist daher vor allem in der kalten Jahreszeit ein auffälliges Element offener Agrarlandschaften. Regional wird sie als gefährdet eingestuft.

Bemerkenswertes__Die Saatkrähe wird gerne mit ihren Verwandten wie Kolkrabe oder Rabenkrähe verwechselt, dabei ist sie an ihrer weißen Schnabelwurzel eindeutig zu erkennen.

behalten sie einander ständig im Auge. Stochert einer der Vögel besonders eifrig im Boden, hat er bald Gesellschaft von seinen Schwarmkollegen, die von den ergiebigen Jagdgründen profitieren wollen. Hat etwa eine Krähe entdeckt, dass sich unter einer Silofolie ungeahnte Futterreserven verbergen, hat sie schnell Verstärkung vom ganzen Schwarm, der sich mit vereinten Kräften und Schnäbeln daran macht, die hinderliche Folie zu beseitigen – zum begreiflichen Missvergnügen der Landwirte.

Besonders nützlich ist der Schutz der Gemeinschaft, wenn es um die Aufzucht der Jungen geht: In Osteuropa brüten manchmal bis zu 1.000 Krähenpaare in einer Kolonie; bei uns bringen es große Kolonien immerhin noch auf 100 Brutpaare. Leicht vorzustellen, dass Beutegreifer von so einer geballten Ansammlung spitzer Schnäbel und entschlossener Angriffslust Abstand halten. Denn sollte eine Krähe Alarm schreien, bekommt sie sofort Hilfe von ihren Schwarmkollegen.

Wenn allerdings Nestbau auf dem Programm steht, ist die liebe Nachbarschaft oft eher lästig als nützlich: Bis zu drei Wochen kann es dauern, bis ein Saatkrähenpärchen sein Nest endlich fertiggestellt hat, denn Kolonienachbarn lassen keine Gelegenheit ungenutzt, Nistmaterial von unbewachten Nestern zu klauen. Da hilft nur strikte Aufgabenteilung: Einer der Partner holt Baumaterial, der andere bewacht die Baustelle. Noch praktischer ist es natürlich, wenn die beiden ein vorjähriges Nest restaurieren können.

Saatkrähen leben zwar in lebenslanger Einehe, doch das heißt noch lange nicht, dass die Männchen blind für die Reize der Nachbarinnen wären. Seitensprünge sind gängige Praxis – je ranghöher der Krähenmann, desto häufiger. Das Weibchen ist unterdessen vollauf beschäftigt: Brüten ist allein ihre Sache; dafür bekommt sie aber auch das Futter ans Nest gebracht. Auch in den ersten Tagen nach dem Schlupf der zwei bis sechs Jungen bleiben die beiden bei ihrer Arbeitsteilung: Das Männchen verpflegt die Familie, während das Weibchen die noch nackten, blinden Sprösslinge wärmt.

Über einen Monat dauert es, bis Jungkrähen flügge sind – doppelt so lange wie bei kleineren Singvögeln. Auch nach dem Ausfliegen werden sie noch eine Zeit lang von ihren Eltern mit Futter gepäppelt und bleiben in deren Nähe. In diesem Alter haben die Kleinen noch »normal« befiederte Gesichter und sehen bei flüchtigem Hinsehen jungen Rabenkrähen recht ähnlich. Erst gegen Ende ihres ersten Winters verlieren sie allmählich die Federn an Kinn, Wangen und über dem Schnabelansatz; erst jetzt bilden sie den charakteristischen weißlich-schrundigen Schnabelansatz aus, der das unverwechselbare Kennzeichen ihrer Art ist.

Veronika Straaß

Graben, lockern und durchmischen – Wir schauen dem Regenwurm zu

Im Boden tummeln sich Abermillionen von Lebewesen. Die meisten von ihnen sind so klein, dass man sie mit bloßem Auge nicht sehen kann.
Ein wahrer »Riese« ist jedoch der Regenwurm. Er sorgt für eine Durchmischung und Lockerung des Bodens und ist damit der wichtigste Gehilfe eines jeden Gärtners!
Grund genug, dem lichtscheuen Gesellen mit einem »Wurmglas« auf die Finger, pardon, auf den Mund zu schauen, denn er bewegt sich fressend durch das Erdreich.

Was man dazu braucht

Außer Regenwürmern benötigt man ein großes Einmachglas, ein feuchtes Tuch, feuchte Erde, Sand und etwas pflanzliche Nahrung, beispielsweise Blätter, oder auch Gemüse- oder Obstabfälle.

Und so wird's gemacht

- Das Einmachglas befüllt man gut über die Hälfte mit Erde; darauf gibt man eine etwas dünnere Schicht Sand – natürlich kann man auch mehrere Schichten aus Erde und Sand anlegen. Dann die Regenwürmer einsetzen und ein wenig von der Pflanzennahrung zugeben.
- Jetzt das Glas mit dem feuchten Tuch abdecken und an einen schattigen, kühlen Ort stellen.

☞ Nach ein paar Tagen kann man sich ein sehr gutes Bild von der Arbeitsleistung der Würmer machen, denn ihre gegrabenen Gänge werden an der Glaswand sichtbar.

In folgenden Büchern kann man über den Regenwurm und andere lichtscheue Tiere nachlesen:

Jürgen Dittmann, Heinrich Köster
Tiere in Kompost, Boden und morschen Bäumen
Verlag an der Ruhr, Mühlheim an der Ruhr, 1999

Corinna Locker
Die Regenwurm-Werkstatt
Verlag an der Ruhr, Mühlheim an der Ruhr, 1999

Die Steinhummel – ein nützlicher Brummer bestäubt im Akkord

Wissenschaftler haben herausgefunden, dass Hummeln nach den Gesetzen der Aerodynamik nicht fliegen können; Körpervolumen und Flügeloberfläche stehen in einem ungünstigen Verhältnis zueinander. Aber weil Hummeln diese Gesetze nicht kennen, fliegen sie trotzdem.

Modernes Bonmot zum Thema Wissenschaftsgläubigkeit

Woran erkennt man eigentlich eine betagte Hummel? Ganz einfach: an der Glatze. Bei den Senioren wird der Pelz so schütter, dass die Chitinhülle als »Spiegelglatze« durch den ausgedünnten Plüsch glänzt. Außerdem verblassen bei älteren Tieren die leuchtenden Farben. Und woran erkennt man die Chefin eines Hummelvolkes? Noch einfacher: an ihrer Größe.

Der Hummelstaat ist eine Monarchie

Eine Steinhummelkönigin zum Beispiel ist mit ihren gut zwei Zentimetern Körperlänge fast doppelt so groß wie eine ihrer Arbeiterinnen; außerdem brummt sie, wie alle Hummelköniginnen, in deutlich tieferer Tonlage als ihr Volk.

Ein Steinhummelstaat kann auf bis zu dreihundert Tiere anwachsen. Doch bis es so weit ist, muss die Hummelkönigin eine Menge Vorarbeit leisten. Wenn sie Ende März aus der Winterstarre erwacht und aus ihrem Erdloch kriecht, in dem sie die frostigen Monate überstanden hat, ist sie zunächst völlig auf sich gestellt. Außer den jungen Königinnen überlebt nämlich keine Hummel den Winter. Jede, wirklich jede Hummel, die im März oder Anfang April dahergebrummt kommt, ist eine Königin, denn andere Hummeln gibt es um diese Jahreszeit nicht.

Das erste Flugziel der künftigen Staatsgründerin sind ein paar Frühlingsblüten, an denen sie nach der langen Auszeit erst einmal auftankt. Mit einer Portion Nektar und Pollen im Magen macht sie sich sodann auf die Suche nach einem geeigneten Nistplatz. Das Raster, von dem sie sich dabei leiten lässt, ist denkbar einfach: Was sie sucht, muss nur dunkel und trocken sein. Verlassene Mauselöcher sind ihr genauso willkommen wie Hohlräume in Trockenmauern, Vogelnistkästen genauso wie Baumhöhlen. Mit etwas Glück

Steinhummel *(Bombus lapidarius)*

Wissenswertes__Im Gegensatz zu Bienen sind Hummeln auch bei kühlem Wetter aktiv. Sie können ihre Körpertemperatur nahezu unabhängig von der Lufttemperatur regeln und sind daher bereits im April zu beobachten. Den Winter überleben nur die Königinnen. Die Steinhummel ist bei uns nicht gefährdet.

Bemerkenswertes__Hummeln sind wichtige Bestäuberinsekten und sind daher durch das Bundesnaturschutzgesetz geschützt.

ist der Nistplatz sogar schon möbliert: Reste von Mäuse- oder Vogelnestern, Tierhaare oder Moos werden von der künftigen Staatschefin gerne für das eigene Nest recycelt. Sie zernagt das Material zu Schnipseln und Fasern und formt daraus eine kleine Kugel von etwa drei bis vier Zentimetern Größe. Zuletzt bekommt die Faserkugel noch eine wasserdichte Hülle aus Wachs, das die Hummel aus Wachsdrüsen am Hinterleib ausschwitzt, dann kommt die Innenausstattung dran.

Ein Leben für den Nachwuchs

Zunächst baut die Hummelkönigin aus Wachs ein Näpfchen und füllt es mit Nektar und Pollen. Dann formt sie eine Art wächsernes Tönnchen, packt einen Klumpen Pollen hinein, legt etwa ein Dutzend Eier darauf und schließt das Ganze mit einem Wachsdeckel.

In den nächsten Tagen ist die Hummel ungemein häuslich und verlässt ihr Nest nur noch für wenige Minuten pro Tag. Sie bleibt bei ihrem Gelege und bebrütet es wie eine Glucke: Mit vibrierenden »ausgekoppelten« Flugmuskeln erzeugt sie so viel Wärme, dass sich die Eier ständig bei einer Idealtemperatur von 36 Grad Celsius entwickeln können. In dieser Zeit, in der die junge Königin unmöglich Futter suchen kann, lebt sie von dem Futtervorrat, den sie vorsorglich in den Wachsnäpfchen im Nest deponiert hat.

Nach drei bis fünf Tagen ist es so weit: Die Larven schlüpfen. Anfangs leben sie von dem Pollenvorrat, den die Königin ihnen als Startverpflegung in ihr wächsernes Kinderzimmer gelegt hat, später werden sie von ihrer Mutter mit frischem Futter versorgt. Nach einer guten Woche verpuppen sie sich und verwandeln sich innerhalb von zehn Tagen in ihrem Kokon von der nackten, weißen Larve zum pelzigen schwarzen Brummer mit dem charakteristischen roten Hinterteil der Steinhummeln.

Erst jetzt brechen für die Staatengründerin ruhigere Zeiten an. Vier Wochen lang hat sie den Betrieb allein am Laufen gehalten, jetzt kann sie sich aufs Eierlegen beschränken und es ihren Arbeiterinnen überlassen, die wächsernen Tönnchen für Pollenvorrat und Eier zu bauen, die Larven zu versorgen und Futter heranzuschleppen.

Bestäubt wird fast bei jedem Wetter

Apropos Futter: Hummeln fliegen selbst dann noch auf Futtersuche, wenn andere Insekten auf besseres Wetter warten. Da sie deutlich schwerer und deshalb weniger »seitenwindanfällig« sind als Honigbienen, können sie selbst an windigen Tagen noch Pollen und Nektar sammeln gehen. Und da Hummeln ihr eigenes »Betriebsklima« erzeugen können, indem sie ihre Flugmuskeln im Leerlauf vibrieren lassen, kann ihre Körpertemperatur bis zu 20 Grad Celsius über der Außentemperatur liegen. So kommt es, dass sie auch noch bei fünf Grad Celsius flugtüchtig sind, wenn keine Honigbiene ihren Stock verlassen würde.

Der raffinierte Trick mit der hausgemachten Betriebstemperatur hat allerdings einen Nachteil: Er ist enorm energieaufwendig. Entsprechend hoch ist auch der tägliche Energiebedarf einer Hummel. Sie fliegt drei- bis fünfmal soviele Blüten an wie eine Honigbiene. Wissenschaftler haben einer futtersuchenden Ackerhummel auf den Rüssel geschaut und genau mitgezählt: Der Brummer besuchte in hundert Minuten Sammelflug 2.634 Blüten! Hummeln bestäuben quasi im Akkord. Siebzig wirtschaftlich genutzte Pflanzen in Deutschland – darunter Erbsen, Bohnen, Kürbisse und sämtliche Obstsorten – müssen von Insekten bestäubt werden, und Steinhummeln fliegen allein 21 davon an. Viele Pflanzen – zum Beispiel der Rotklee – haben so tiefe Blütenröhren, dass sie von Bienen überhaupt nicht bestäubt werden können, sondern auf den Besuch von bestimmten Hummelarten mit langen Rüsseln angewiesen sind. In Frankreich und Dänemark werden deshalb neben Kleefeldern eigens Hummelnester aufgestellt.

Wenn ein Steinhummelvolk im Hochsommer nach Zigtausenden von Blütenbesuchen zur Hochform angewachsen ist, fängt die Königin an, unbefruchtete Eier zu legen, aus denen keine Arbeiterinnen, sondern Drohnen, männliche Hummeln, schlüpfen. Die Hummelherren sind von den Arbeiterinnen auf den ersten Blick daran zu unterscheiden, dass sie zusätzlich zum roten Hinterteil auch noch einen gelben Brustring haben.

Etwa zeitgleich geht auch mit den befruchteten Eiern eine Veränderung vor sich. Ob sich aus ihnen Arbeiterinnen oder Nachwuchsköniginnen entwickeln, entscheidet nämlich die Staatschefin: Solange sie einen gewissen Hemmstoff absondert, sind die schlüpfenden Hummeln in ihrer Entwicklung gebremst und wachsen nur zu sterilen Arbeiterinnen heran. Stellt die Königin aber mit zunehmendem Alter die Absonderung dieses Stoffes ein, reifen aus befruchteten Eiern voll entwickelte »Prinzessinnen« heran. Sie verlassen das Nest für immer, gehen auf Hochzeitsflug, lassen sich begatten und speichern das Sperma in einem speziellen Depot im Körper, bis sie im nächsten Frühjahr Verwendung dafür haben. Dann kriechen sie noch ein wenig klamm aus dem geschützten Winkel, in dem sie als einzige ihres Staates den Winter überlebt haben, suchen sich einen Nistplatz und gründen einen neuen Hummelstaat.

Veronika Straaß

Die Wechselkröte – ein schicker Lurch mit Turboentwicklung

Kröten gelten als hässlich – ein Vorurteil, das die Wechselkröte ohne Zweifel widerlegen kann. Sie ist etwas schlanker und kleiner als die Erdkröte, ihre bekanntere Verwandte. Am ganzen Körper trägt sie ein grünes Fleckenmuster auf hellem Grund, das bei Sonnenlicht zu glänzen beginnt. Hält man das Tier in der Hand, blickt es einen aus großen Augen unergründlich an – ein Blick, dem man sich nur schwer entziehen kann. Es ist dieser Blick, der den Kröten in zahllosen Mythen das Attribut der Weisheit eingebracht hat.

Den Namen »Wechselkröte« verdankt das Tier seiner Fähigkeit, die Hautfarbe verändern zu können – ähnlich wie ein Chamäleon. So wird die Grundfarbe der Tiere bei Sonnenlicht und kiesigem Untergrund fast weiß und die Flecken hellgrün, was die Wechselkröte geradezu exotisch bunt wirken lässt.

In Steppen und Städten zu Haus

Frankreich, die Mongolei, Schweden und Nordafrika markieren die Grenzpunkte des riesigen Verbreitungsgebietes der Wechselkröte. Die Tiere bewohnen südrussische Steppen genauso wie den bewaldeten Kaukasus oder Olivenhaine im Mittelmeerraum. Lediglich kalte, regenreiche und dicht bewachsene Gebiete mag die Wechselkröte überhaupt nicht. Ihre Vorzugstemperatur liegt während des Sommers bei fast 33 Grad Celsius – ungewöhnlich hoch für einen europäischen Lurch.

Vor allem in Mitteleuropa bewohnt die Wechselkröte auch Städte und Dörfer. Verbreitungsschwerpunkte sind hier beispielsweise die Großstädte Wien, Berlin und München, wo die Tiere bevorzugt Stadtbrachen, Militärübungsplätze und Bahnflächen besiedeln. Obwohl sie also nicht selten mitten unter uns Menschen leben, sind die Tiere weitgehend unbekannt.

Leben und Laichen im Verborgenen

Das heimliche Verhalten der Wechselkröte trägt dazu bei, dass sie kaum ein Mensch bemerkt. Erst etwa eine Stunde nach Sonnenuntergang verlässt sie ihr Tagesversteck unter großen Steinen oder in Mäusebauten und begibt

Wechselkröte *(Bufo viridis)*

Wissenswertes__Die Wechselkröte ist in Deutschland stark bedroht. Ihre Laichplätze gehen immer mehr verloren, die Zerschneidung der Landschaft durch ein dichtes Straßennetz trägt ihr Übriges dazu bei. Wenn es im Frühjahr und Frühsommer Nacht wird, kann man sie an Tümpeln und anderen Kleingewässern antreffen.
Bemerkenswertes__Durchläuft die Entwicklung vom Ei über die Kaulquappe zur Kröte oft in gerade mal sechs Wochen und trillert wie ein Kanarienvogel.

sich auf die Jagd nach Insekten, Spinnen oder Regenwürmern. Noch vor dem ersten Tageslicht ist sie wieder verschwunden. Ihre Stimme am Laichplatz ist sehr auffällig – die Tiere klingen hier wie ein Konzert von Kanarienvögeln. Der nächtliche Spaziergänger bringt diese Stimmen daher nicht mit Kröten in Verbindung. Wahrscheinlich werden sie meist für Grillen oder Vögel gehalten. Bemerkt die Kröte einen Feind, flieht sie nicht, sondern bleibt sitzen. In der Dämmerung ist das grün-weiße Fleckenmuster der Kröte eine perfekte Tarnung. Still sitzende Wechselkröten sind auch von aufmerksamen Beobachtern kaum zu entdecken, da ihre Umrisse völlig mit der Umgebung verschwimmen. So bleibt uns das abenteuerliche Leben der Tiere weitgehend verborgen.

Ihr Lebensraum, der aus schnell austrocknenden Tümpeln und offenem Gelände mit zahlreichen Fressfeinden besteht, steckt voller Gefahren. Sobald das Weibchen im Vorfrühling bis zu 15.000 Eier in zwei Laichschnüren ins Wasser abgegeben hat, beginnt für die sich entwickelnden Kaulquappen ein Wettlauf auf Leben und Tod. Die kleinen Tümpel beginnen mit dem anbrechenden Sommer allmählich auszutrocknen, Käfer- und Libellenlarven wachsen rasch zu gefräßigen Kaulquappenräubern heran. Die Überlebensstrategie der Larven gegen Austrocknung und Gefressenwerden ist eine Turboentwicklung. In acht bis zehn Wochen mausern sich die Tiere vom winzigen Ei zur jungen Kröte. Merken die Tiere, dass der Wasserstand gefährlich sinkt, können sie noch einmal einen Zahn zulegen und die Entwicklung schon nach etwa fünf Wochen abschließen. Geht alles gut, können sich Wechselkröten explosionsartig vermehren. Hunderttausende junger Kröten verlassen dann im Frühsommer die Gewässer – ein Naturschauspiel, das im Volksmund als »Froschregen« bekannt ist. Doch auch außerhalb des Wassers wartet eine Armada von Feinden – Vögel, Igel, Laufkäfer und andere. Statistisch übersteht nicht einmal jede tausendste Wechselkröte die Gefahren ihres ersten Sommers. Hat die junge Kröte erst einmal das extrem gefährliche erste Lebensjahr überlebt, stehen die Chancen gut, dass sie zehn Jahre oder älter wird – für ein so kleines Tier schon ein fast biblisches Alter.

Auch eine Kröte braucht mal Hilfe

Seit mehreren Jahrzehnten wird die Wechselkröte in Deutschland immer seltener. In mehreren Bundesländern, zum Beispiel in Bayern, ist sie sogar vom Aussterben bedroht. Ihre Vorliebe für Bauerwartungsland als Wohnstätte und ihre ungeschickte Art, viel befahrene Straßen zu queren, machen ihr das Überleben schwer.

Bisher hat sich die Wechselkröte aber als äußerst anpassungsfähig erwiesen. Als unsere Flüsse verbaut wurden und die Auentümpel verschwanden, ist sie in Kiesgruben und Militärübungsplätze umgezogen. Als diese Biotope durch Überbauung und Modernisierung der Abbaumethoden zunehmend ungemütlich wurden, hat sie sich eine Zeit lang sogar in Tümpeln von Großbaustellen erfolgreich behauptet. Doch all diese Strategien konnten ihren dramatischen Rückgang nicht aufhalten.

Dafür kann sich die Wechselkröte jetzt auf menschliche Verbündete verlassen, die sie wegen ihrer spannenden Biologie und ihrer Bedeutung für das Ökosystem von wechselfeuchten Flächen unbedingt erhalten möchten. Naturschutzverbände wie der Landesbund für Vogelschutz haben begonnen, das Überleben der Wechselkröte in Deutschland durch Hilfsprogramme etwas zu unterstützen. Es werden sich also auch in Zukunft weinselige Nachtschwärmer wundern, warum in tiefer Dunkelheit so viele Kanarienvögel singen – nicht wissend, dass sich nebenan eine Horde kleiner grüner Kröten einfach nicht unterkriegen lassen will.

Heinz Sedlmeier

Geliebt oder gequält? Unser gespaltenes Verhältnis zum Mitgeschöpf Tier

»Die Grausamkeit gegen Tiere führt unmerklich zur Härte und Grausamkeit gegen unsere Nebenmenschen.« Adolf Knigge

Die ethische Diskussion um Tierschutz ist von einer tiefen Diskrepanz geprägt: Auf der einen Seite steht das zunehmende Wissen über Empfinden, Bedürfnisse und Sozialverhalten von Tieren, das in der Wissenschaft zur Annahme eines fließenden Übergangs zwischen Mensch und Tier und in der Bevölkerung zum verbreiteten Bedürfnis nach einer emotionalen Annäherung an Tiere führt. Auf der anderen Seite steht eine historisch wohl nicht vergleichbare Entfremdung von Tieren im Rahmen der modernen Nutztierhaltung sowie der zunehmend urbanisierten Zivilisation, in deren Alltag viele Menschen nur wenig Raum für Begegnung mit Tieren finden. Fernab unserer Wahrnehmung ereignet sich aufgrund der Zerstörung von Lebensräumen ein Massensterben von Tierarten, das 1.000- bis 10.000-mal schneller ist als im evolutionären Durchschnitt. Zum großen Teil sind dies unbekannte Arten oder solche, die unsere Emotionen wenig ansprechen.

Das gespaltene Bewusstsein

Da in unseren Breiten der Kontakt zu Wildtieren sehr eingeschränkt ist und nur mehr die wenigsten Menschen direkt mit Nutztieren zu tun haben, wird die Beziehung zu ihnen häufig entweder romantisch übersteigert und idealisiert, sodass die daraus abgeleiteten ethischen Forderungen kaum realisierbar scheinen; oder – die andere Variante – der Bezug zu diesen Tieren wird anonymisiert und die Verantwortung ihnen gegenüber auf andere übertragen und abgewiesen.

In der Öffentlichkeit ist Tierschutz durchaus ein prominentes Thema: Über 100 Millionen Euro spendeten die Deutschen im Jahr 2007 für Tier- und Naturschutz. Schließlich erfüllen kulleräugige Robbenbabys, mit Babyfläschchen großgezogene Eisbären und flauschig gefiederte Vogeljunge jegliche Voraussetzung, um in den Kategorien »süß«, »niedlich« und »schützenswert« ganz oben zu stehen. Auch protestieren nicht mehr nur nackte Models gegen das Tragen von Pelzen, vielmehr sehen sich Pelzträger schon seit geraumer Zeit einer immer größeren Menge von Gegnern gegenüber. Auch die Gruppe der Vegetarier – um ein anderes Beispiel zu nennen – wächst weltweit. Angesichts der problematischen Entwicklung des menschlichen Umgangs mit Tieren scheint all dies jedoch nicht mehr als eine kompensatorische Beruhigung des schlechten Gewissens.

Wie kann im Tier- und Umweltschutz der Spagat zwischen idealistisch-militanten Tierschützern einerseits und auf Nutzen und Gewinn angewiesenen Produzenten sowie der immer mehr Naturräume beanspruchenden Zivilisationsentwicklung andererseits geschafft werden? Wo steht das Tier in der Werteskala? Wie kann vernünftiger Tierschutz in unserer Gesellschaft durchgesetzt werden?

Das Tier als »Mitgeschöpf«

Im deutschen Tierschutzgesetz werden die Tiere »Mitgeschöpfe« genannt, deren »Leben und Wohlbefinden zu schützen« ist. »Niemand darf einem Tier ohne vernünftigen Grund Schmerzen, Leiden oder Schäden zufügen.« (§ 1) Solch ein theologischer Begriff in einem nüchternen Gesetzeswerk erstaunt. Er bewirkt wenig, wenn man seinen Hintergrund nicht versteht. Was meint die Bibel mit dieser Charakterisierung?

Tiere sind Geschöpfe des gleichen Vaters (Genesis 1,20–25). Eine Anerkennung des Eigenwerts der Tiere wird in dem Auftrag zur Namensgebung ausgedrückt (Genesis 2,19f). Nutztiere werden als selbstverständliche Hausgenossen betrachtet, für die beispielsweise auch der Schutz des Sabbatgebotes gilt (Exodus 20,10). Im Noah-Bund werden die Tiere eigenständig als Vertrags- oder Bundespartner Gottes benannt (Genesis 9,10).

Dies hat weitreichende Konsequenzen: »Die Herrschaft über die belebte und die unbelebte Natur [...] ist nicht absolut. [...] sie verlangt Ehrfurcht vor der Unversehrtheit der Schöpfung.« [...] »Tiere sind Geschöpfe Gottes. Es widerspricht der Würde des Menschen, Tiere nutzlos leiden zu lassen und zu töten.« (Ecclesa Catholica 1993). Tiere haben nicht bloß einen Nutzwert, sondern ebenso einen Existenzwert: Sie haben ihren Sinn gerade auch in ihrem bloßen Dasein, ihrer Schönheit, Lebendigkeit, Vielfalt. »Die Wiederentdeckung der Welt [...] als Mitkreatur steht uns eigentlich noch bevor.« (Evangelische Kirche in Deutschland/Deutsche Bischofskonferenz 1985)

Der in der katholischen Kirche als Heiliger und Umweltpatron verehrte Franz von Assisi (1181–1226) formulierte schon früh mit eindringlichen Worten die Achtung der Tiere als notwendige Konsequenz des christlichen Schöpfungsglaubens: »Alle Geschöpfe der Erde fühlen wie wir, alle Geschöpfe der Erde streben nach Glück wie wir, alle Geschöpfe der Erde lieben, leiden und sterben wie wir; also sind sie uns gleichgestellt Werke des allmächtigen Schöpfers.«

Tiere in der Philosophie

Gründungsvater einer ethischen Theorie des Tierschutzes ist Jeremy Bentham (1748–1832): Sein Maßstab ist das Wohlergehen aller empfindungsfähigen Lebewesen. Unter Wohlergehen versteht er das Streben nach Lust und die Vermeidung von Leid. Da er auch Tieren diese Fähigkeit in abgestufter Form zuerkennt, ist seine Ethik unmittelbar auch auf diese anwendbar.

Mit dem Buch des Australiers Peter Singer »Animal Liberation« (deutsch: Die Befreiung der Tiere) wurde die inzwischen weltweite »Tierrechtsbewegung« begründet. Singer vertritt die These, dass gleiche Interessen beziehungsweise gleicher Schaden gleich beurteilt werden solle, ob beim Menschen oder bei Tieren, und bewertet die Schmerzempfindungsfähigkeit von höheren Säugetieren teilweise höher als die etwa von menschlichen Föten, geistig schwer Behinderten oder Menschen im Koma.

Diesem Ansatz ist entgegenzuhalten, dass Elemente wie Empfindungsfähigkeit, Bewusstsein oder Schmerzwahrnehmungsvermögen zwar ethisch relevante empirische Tatsachen darstellen, die in Tierschutzfragen eine wichtige Rolle für Abstufungen spielen können, dass ihnen aber nicht der Status eines ethischen Grundsatzes zukommt (Irrgang 1998). Nicht nur Behindertenverbände sehen das von der Verfassung geschützte Prinzip der unbedingten Würde des Menschen durch diesen Ansatz verletzt. Basis des Ethischen ist die potenzielle Fähigkeit zu einer freien moralischen Entscheidung. Diese kommt Tieren nur in analoger Weise zu.

Statt einer Einebnung der Unterschiede zwischen Mensch und Tier schlage ich vor, vom Begriff der Verantwortung auszugehen. Für die Begründung des Ethischen braucht man eine verbindliche Klärung, *wer* vor *wem* für *was* nach *welchen Kriterien* rechenschaftspflichtig ist. Entscheidend für eine ethisch und rechtlich realisierbare Verantwortung des Menschen für das Tier ist eine klare Definition von Zuständigkeiten und Pflichten in diesen vier Dimensionen (Subjekt/Träger, Objekt/Gegenstand, Beurteilungsinstanz/Kontrolle, Kriterien/Regeln).

Verantwortung als Methode braucht eine Rangordnung der Werte sowie formale Regeln, welche Güter wie vergleichbar sind. Wie sollen beispielsweise touristische Interessen an Elefanten gegenüber den Schutzinteressen einheimischer Bevölkerungsgruppen in afrikanischen Naturparks gewichtet werden? Auf Dauer ist die ständige Steigerung der Zahl und des Anspruchsniveaus von Menschen nicht mit dem hinreichenden Schutz von Lebensräumen für Wildtiere vereinbar. Für die Tierhaltung müssen verhaltensbiologische Indikatoren des Wohlbefindens und der Gesundheit der Tiere bestimmt werden, um Regeln für eine artgerechte Tierhaltung festzulegen.

Die Konflikte zwischen den Lebensraum- und Nutzungsinteressen des Menschen und den natürlichen Bedürfnissen der Tiere lassen sich nicht durch gesinnungsethische Appelle auflösen. Eine Verantwortungsethik, die unter den gegebenen Bedingungen das Mögliche anstrebt, braucht auch die Bereitschaft zu Kompromissen.

Aktuelle Prioritäten einer »artgerechten« Tierhaltung

Durch den enormen Druck zur Produktionssteigerung und zunehmender Mobilität befindet sich die Nutztierhaltung trotz des verbesserten Rechtsschutzes für Tiere in einer tiefen Krise: »Die gesamte landwirtschaftliche Tierhaltung ist einem extremen ökonomischen Verwertungsdruck ausgesetzt, der bereits globalisiert ist. Die problematischen Methoden sind Teil einer Intensivtiernutzung, bei der das einzelne Tier unter dem Gesichtspunkt der Erzielung maximaler Leistungen in immer kürzerer Zeit betrachtet wird.« (Evangelische Kirche in Deutschland/Deutsche Bischofskonferenz 2003)

Aufgrund dieser Systemlogik hinkt die Praxis des Tierschutzes den ethischen und rechtlichen Vorgaben bei Weitem hinterher. So ist bisher zum Beispiel keineswegs gesichert, dass Legehennen artgemäß fressen, trinken, ruhen und ihre Eier in einen gesonderten Bereich ablegen können. Da Schweine hochdifferenzierte und bewegungsaktive Tiere sind, widerspricht es den Prinzipien artgerechter Tierhaltung, dass ihnen nur selten eine räumliche Strukturierung des Stalles nach Liege-, Aktivitäts-, Wühlbereich und Kotgang zuerkannt wird. Wenn Pflanzenfresser wie Rinder mit dem Untermengen von Kadavermehl ihrer Artgenossen gefüttert werden, ist dies in höchstem Maße respektlos. Die Zunahme von Tiertransporten aufgrund von Exportprämien und der Zentralisierung von Schlachthöfen ist Tierquälerei. In der Praxis ist die Eingrenzung erlaubter Tierversuche auf Experimente, die für die »wesentlichen Bedürfnisse des Menschen« notwendig sind (Tierschutzgesetz § 7,3), nicht hinreichend klar definiert. Mit der gentechnischen Veränderung von Tieren ist ihrer Instrumentalisierung für Verwertungszwecke des Menschen eine neue Türe geöffnet.

Wünschenswert wäre eine stärkere Aufklärung und Bewusstseinsbildung der Verbraucher, damit sie – anstatt zu verdrängen – durch ihr Kaufverhalten dem Wunsch nach bestimmten ethischen Standards im Umgang mit Tieren Ausdruck verleihen.

Auch wenn die deutschen Tierschutzstandards im internationalen Vergleich relativ hoch sind, wird die Praxis dem darin formulierten Anspruch oft nicht gerecht. Priorität muss die Verringerung der Vollzugsdefizite sowie die Vermeidung ihrer Unterbietung in der internationalen Konkurrenz haben. Tierschutz sollte ein anerkannter Teil der christlichen und europäischen Kulturordnung sein.

Was ist uns die Erhaltung und Rückkehr von Wildtieren wert?

Auch unser Umgang mit Wildtieren ist durch innere Widersprüche tief gespalten: Auf der einen Seite stehen erfolgreiche Spendenkampagnen und die Einrichtung von Biotopverbundsystemen. Bären, Luchse und Wölfe kehren vom Osten her wieder nach Deutschland zurück. Das Beispiel des »Problembären« Bruno, dessen Schicksal im Mai 2006 die Öffentlichkeit erregte, hat gezeigt, dass in einer auf berechenbare Sicherheit ausgerichteten Zivilisation für wilde »Migranten« kaum Platz vorhanden ist. Wollen wir nur gezähmte und eingezäunte Natur oder auch wilde Natur?

Die eigentlichen Schatzkammern für die Artenvielfalt der Erde sind jedoch die tropischen Regenwäder. Wer Artenschutz ernst meint, muss gegen ihre Abholzung angehen. Doch welche Begründung gibt es dafür? Bei der Weltkonferenz für Biodiversität im Mai 2008 in Bonn dominierten ökonomische Argumentationen. Dies ist zwar politisch opportun und möglicherweise die wirksamste Strategie. Ökologisch sinnvoll und ethisch hinreichend ist es nicht. Wir neigen dazu, nur die Arten zu schützen, für die wir ökonomische Verwertungsinteressen im Blick haben oder emotionale Verbundenheit empfinden. Damit werden wir unserer Verantwortung für die Schöpfung und damit auch unserer eigenen Würde als Menschen nicht gerecht. Es besteht Nachholbedarf hinsichtlich einer ganzheitlichen Wahrnehmung des ethischen, ökologischen, kulturellen und ökonomischen Wertes der biologischen Vielfalt.

Wenn der Umgang mit Tieren ein Spiegel der eigenen Seele ist, wie es viele Mythen und Märchen annehmen, dann sollten wir auch aus Gründen der Selbstachtung mehr investieren, um dem Wert der Kreatur Ausdruck zu verleihen.

Markus Vogt

Literatur

Bundesministerium der Justiz (2006): Tierschutzgesetz (www.bundesrecht.juris.de/tierschg/)

Deutsche Bischofskonferenz (1993): Die Verantwortung des Menschen für das Tier. Bonn.

Ecclesia Catholica (1993): Katechismus der Katholischen Kirche. München.

Evangelische Kirche in Deutschland/Deutsche Bischofskonferenz (1985): Verantwortung wahrnehmen für die Schöpfung, Hannover/Bonn.

Evangelische Kirche in Deutschland/Deutsche Bischofskonferenz (2003): Neuorientierung für eine nachhaltige Landwirtschaft. Hannover/Bonn.

Irrgang, Bernhard (1998): Tierschutz. In: Lexikon der Bioethik, Hrsg. v. W. Korff, Gütersloh, Bd. III, 561-567.

Singer, Peter (1982): Die Befreiung der Tiere. F. Hirthammer Verlag, München.

In Hecke und Wald III

Die Blindschleiche – eine blendende Schönheit im Verborgenen

Nicht immer kann der Volksmund taugen:
Die Blindschleich hat zwei goldne Augen
Und daran sogar Augenlider.
Sie kommt mit lebenden Jungen nieder.

Eugen Roth

Mit der Blindschleiche hat sich sogar ein ausgezeichneter Tierkenner wie Carl von Linné (1707–1778) schwer getan: Er gab ihr den lateinischen Namen *Anguis fragilis*, zerbrechliche Schlange. Wie hätte er auch ahnen sollen, dass ein Tier, das wie eine Schlange aussieht und sich wie eine Schlange bewegt, keine Schlange, sondern eine Eidechse ist – wenn auch eine ohne Beine?

Auch der deutsche Name des Reptils führt scheinbar in die Irre: Blind sind Blindschleichen nun wirklich nicht, allenfalls farbenblind. Bei genauerer Prüfung der Wortbedeutung aber entpuppt sich der seltsame Name als passend: »Blindschleiche« leitet sich vom althochdeutschen »Plintslicho« her, was so viel wie »blendender Schleicher« bedeutet. Die meisten Blindschleichen sind in der Tat blendende Erscheinungen; sie sehen aus, als hätte sie jemand mit Lack in Bronze, Gold oder Bleigrau-Metallic überzogen.

Not macht erfinderisch

Weil unter jeder der glänzenden Schuppen ein knöchernes Plättchen sitzt, sind Blindschleichen weniger gelenkig und deshalb weit weniger flott unterwegs als vergleichbar große Schlangen. Sie flitzen nicht, sie schleichen.

Das mag ein Handicap sein, aber hilflos sind sie deshalb noch lange nicht. Wer eine Blindschleiche zu fassen bekommt, muss damit rechnen, mit einer Ladung Kot bekleckert zu werden. Hilft auch das nicht, können sich Blindschleichen zur Not buchstäblich selbst zerlegen: Ihre Schwänze sind extrem brüchig. Hat ein Turmfalke oder Huhn, eine Krähe oder Katze eine Blindschleiche gepackt, fällt deren Schwanz ab und lenkt unter heftigen Zuckungen die Aufmerksamkeit der Feinde für einen kurzen Augenblick von der eigentlichen Beute ab. Diese wenigen Momente genügen der

Blindschleiche *(Anguis fragilis)*

Wissenswertes__Lebensraumverlust und der zunehmende Straßenverkehr setzen der Blindschleiche zu; trotzdem ist die dämmerungsaktive Echse in strukturreichen Hecken und Wäldern noch relativ häufig. Als kälteempfindliches Tier ist sie (unterirdische Winterstarre) nur in der warmen Jahreszeit zu beobachten.
Bemerkenswertes__Bei Gefahr scheidet sie Harn und Kot aus oder wirft den Schwanz ab.

Schleiche, um zu fliehen. In manchen Populationen kriecht über die Hälfte der erwachsenen Blindschleichen schwanzlos herum.

Gegen andere Bedrohungen hilft allerdings auch so ein Notabwurf nicht weiter: Ungezählte Blindschleichen werden Opfer im Straßenverkehr. Sie kommen unter die Räder, weil sie sich in der Abenddämmerung mit Vorliebe auf warmem Asphalt aufheizen. Wie alle wechselwarmen Lebewesen sind sie nur dann beweglich und aktiv, wenn ihre Körper die erforderliche Betriebstemperatur haben. Doch da bei Reptilien – also auch bei Blindschleichen – die Körpertemperatur weitgehend von der Außentemperatur abhängt, wären sie an kalten Abenden oder in der Morgenkühle eigentlich dazu verdammt, klamm und steif in ihren Verstecken zu bleiben – es sei denn, sie holen sich an geeigneten Plätzen die nötige Dosis Wärme.

Ein Leben im Verborgenen

Abgesehen von ihrer unglücklichen Neigung zu Sonnenbädern auf Straßen bevorzugen Blindschleichen das Leben im Verborgenen. Sie bohren sich so geschickt durch verfilztes Pflanzengewirr und Moospolster, dass viele Gartenbesitzer ihre Gegenwart gar nicht bemerken. Komposthaufen und totes Laub, Hohlräume unter Baumstümpfen und in Holzstößen sind ihre Welt. Dort finden sie sichere Unterschlüpfe und dazu noch reichlich Beute – Regenwürmer, Nacktschnecken, Spinnen, Asseln, Insektenlarven und anderes Kleinstgetier. All diese Krabbeltiere werden im Stück verschluckt; bei größeren Regenwürmern kann es schon mal eine halbe Stunde dauern, bis auch das letzte Wurmende im Maul verschwunden ist.

Im Herbst, wenn die Temperaturen sinken, die Insekten seltener werden und sich Regenwürmer und Nacktschnecken in den Boden zurückziehen, wird die Situation für Blindschleichen zunächst kritisch, dann lebensgefährlich: Kälteklamm wie sie sind, könnten sie weder Beutetiere fangen noch Fressfeinden entkommen. Die beste Strategie unter diesen Umständen ist eine ausgedehnte Auszeit. In Mitteleuropa ziehen sich Blindschleichen meist im Oktober in frostsichere Verstecke zurück. Sie bohren sich dann oft eigene Gänge, die bis zu einen Meter unter die Erdoberfläche reichen können, oder sie beziehen verlassene Mauselöcher, deren Eingänge sie mit Moos und Erde verstopfen. Das ideale Winterquartier ist nicht etwa mollig warm, sondern zwischen zwei und fünf Grad Celsius kalt – gerade so weit über dem Gefrierpunkt, dass die Schläfer nicht Gefahr laufen, in den ewigen Schlaf hinüberzudämmern, andererseits aber kalt genug, dass die Tiere möglichst wenig Energie verbrauchen.

Blindschleichen halten in ihrem Winterquartier keinen Winterschlaf; sie begeben sich wie alle Reptilien und Amphibien in Kältestarre – ein Zustand, der eher an Wachkoma als an Schlaf erinnert. Würde man sie jetzt ausgraben und anstupsen, sie wären außerstande zu fliehen. In diesem winterlichen Starrezustand arbeiten Herzschlag, Atmung und Stoffwechsel nur noch so weit auf Sparflamme, dass das Überleben gesichert bleibt. Würde der Frost den Winterbiwak erreichen, dann würde kein innerer Alarmmechanismus die erstarrten Tiere aufwecken, damit sie sich in Sicherheit bringen können. Sie würden erfrieren.

In erstklassigen, frostfreien Winterbiwaks versammeln sich manchmal bis zu hundert Blindschleichen – säuberlich nach Alter sortiert: Die älteren Exemplare beziehen die tiefstgelegenen Winkel, die jüngeren müssen sich weiter oben einlagern. Oft gesellen sich sogar noch Kreuzottern zur Schläfergemeinschaft. Im Sommer würden sie Blindschleichen jederzeit als leckeren Happen betrachten, im Winter aber liegt man appetitlos und einträchtig beieinander.

Der winzige Nachwuchs lebt gefährlich

Kaum haben sich die Blindschleichen im Frühjahr ans Tageslicht geschlängelt, entfalten sie ein ungeahntes Temperament. Die Männchen schlingen sich umeinander, verbeißen sich ineinander und versuchen, sich gegenseitig zu Boden zu drücken. Der Zweck der unblutigen Schaukämpfe: Natürlich geht es um die Weibchen. Der Stärkere hat nämlich Vortritt bei der Paarung, die übrigens mit ähnlich viel »Biss« abläuft wie die vorausgehenden Kämpfe und sich über mehrere Stunden hinziehen kann.

Die gut fingerlangen Winzlinge, die ein Blindschleichenweibchen nach etwa drei Monaten fix und fertig entwickelt auf die Welt bringt, sind kleine Schönheiten: Auf goldfarbenem oder silberweißem Grund zieht sich von einem dunklen Fleck am Hinterkopf ausgehend ein dunkler Aalstrich den Rücken entlang. Dazu die dunklen Bäuche und die eleganten Bewegungen der Kleinen: einfach zum Anbeißen! Dieser Ansicht sind auch Amseln und Erdkröten, Hühner, Wiesel und sogar Laufkäfer. Sie alle schätzen Blindschleichenbabys und verspeisen sie, wo immer sie sie erwischen können.

In einer Welt voller Agrargifte, Fressfeinde und Straßen würde man den hübschen Reptilien wenigstens einen Feind gerne ersparen: Unzählige Blindschleichen werden immer noch als vermeintliche Schlangen erschlagen. Abgesehen davon, dass auch das Schlangentöten keine Ruhmestat ist: Blindschleichen sind höchstens für Regenwürmer und Nacktschnecken eine Gefahr; es gibt nicht den geringsten Grund, sie zu bekämpfen.

Veronika Straaß

Der Feldmaikäfer – ein häufiger Begleiter aus Kindertagen

Wer kennt sie nicht, die braunen Brummer – wenn schon nicht als dämmerungsaktive oder nächtliche Flieger um die Straßenlaternen, so doch in überdimensionierter Form in Alufolie eingepackt mit süßem Inhalt, aufgeklebt auf schwarze Pappe, welche die sechs Beine und die Fühler nachbildet. Frühere Generationen von Kindern haben Feldmaikäfer als kurzlebige Haustiere in Zigarrenschachteln oder Schuhkartons, in die Luftlöcher gebohrt wurden, gehalten und gefüttert oder aber manchen Schabernack mit ihnen getrieben, wie die Geschichte von Wilhelm Busch (1822 bis 1908) mit Onkel Fritz eindrücklich belegt.

Ein schwerfälliger brauner Brummer

Mit vor Begeisterung weit aufgerissenen Augen haben Kinder den Weg des Käfers verfolgt: Wie er den höchsten Punkt erklomm, etwa den Zeigefinger, um – an der Spitze angekommen – mit pumpenden Bewegungen seine braunen starren Deckflügel zu spreizen. Danach klappte er die durchsichtigen, mit zahlreichen festen Adern durchzogenen Hinterflügel an der Knickstelle auseinander, breitete sie aus und erhob sich fast senkrecht, schwerfällig erscheinend, in die Luft. Liebevoll wurden die Krabbeltiere je nach Ausmaß ihrer pelzigen hellen Behaarung des schwarzen Körperabschnittes zwischen Kopf und Flügeldecken als »Schornsteinfeger« oder »Müller« tituliert. In einem berühmten deutschen Volkslied dem »Maikäferlied«, wurde er besungen und verewigt. In Vergessenheit geraten sind mittlerweile Rezepte der Maikäfersuppe oder die Verwendung des Käfers als Arzneimittel in Salben gegen Rheuma oder zur Nervenstärkung. Vergessen scheint aber auch die Zeit, in der Schulklassen ausgeschickt wurden, um die braunen Krabbler einzusammeln und sie entweder den Hühnern oder Truthühner zum Fraß vorzuwerfen oder aber mit heißem Wasser zu überbrühen, um die Zahl des massenhaft auftretenden Käfers zu reduzieren.

(Un)geliebter Frühlingsbote

In Wäldern mit Laubgehölzen und Obstanbaugebieten galten und gelten Maikäfer auch heute noch als Schädlinge. Dabei droht den Bäumen doppelte

Feldmaikäfer *(Melolontha melolontha)*

Wissenswertes__Im Mai und Juni lässt sich der braune Käfer am besten beobachten. Er hat eine Vorliebe für Eichen-, Buchen- und Ahornlaub, ist aber auch in Obstplantagen kein seltener Gast. Regional erreicht er heute wieder annähernd seine hohe Populationsstärke vergangener Tage.
Bemerkenswertes__Als erwachsener Käfer lebt er nur vier Wochen, während er davor vier Jahre als Engerling im Boden verbringt.

Gefahr, denn nicht nur die Käfer selbst können die Laubbäume kahl fressen – wobei sie kaum Bevorzugungen für bestimmte Baumarten zeigen. Auch die Jugendstadien, also die Larven im Boden, können die Vegetation schädigen, indem sie Wurzeln vertilgen, wobei neben Nutzpflanzen auch weniger geschätzte, wie etwa der Löwenzahn, auf dem Speiseplan stehen. Die Egozentrik des Menschen hat den auffälligen Boten des Frühlings in die Ecke der Schädlinge verbannt, den es zu vernichten gilt, da er sich am Gut des Menschen(?) vergreift.

Beim Ausruf »Es gibt keine Maikäfer mehr« müsste jeder Waldbesitzer oder Obstbauer frohlocken. Dabei war es in Schleswig im 17. Jahrhundert noch üblich, den ersten im Frühjahr gesichteten Maikäfer als Frühlingsboten feierlich in einer Prozession aus dem Wald in die Stadt zu bringen. Es ist beruhigend, dass die Käfer auch heute noch in lauen Mainächten ihre Kreise um die Straßenlaternen ziehen. Doch wer soll sie dort noch beobachten, in einer Zeit, in der selbst Liebespaare oder Kinder sich lieber der Medienüberflutung hingeben?

Der Maikäfer ist also noch da, doch er ist sicher nicht mehr so flächendeckend verbreitet. Die geänderten und intensivierten Bedingungen in der Land- und Forstwirtschaft haben ihm zugesetzt. Die Rückkehr zu alten Bewirtschaftungsmethoden mag auch den Maikäfern wieder günstigere Bedingungen verschaffen. Dies zeigt sich bereits deutlich in der nie für möglich gehaltenen, massenhaften Rückkehr des Waldmaikäfers, der vielfach als verschollen galt.

Vier lichtlose Jahre

Der Feldmaikäfer kriecht meist Anfang Mai in der Nacht aus dem Boden, um sich gleich auf den Weg nach oben in Büsche und Bäume zu begeben, um von dort zum ersten Flug zu starten. Vier Jahre hat er unter der Erde zugebracht, nachdem er aus dem im Boden abgelegten Ei geschlüpft ist. Als bleicher, dicker, madenförmiger Engerling mit einer kräftigen Kopfkapsel und den Beißwerkzeugen hat er sich voll gefressen und mehrmals gehäutet. Am Sommerende des dritten Jahres hat er sich in einer Erdhöhle zur Puppenruhe zurückgezogen, ein Stadium, in dem der komplette Körperumbau vollzogen wird. Die Puppe zeigt bereits deutlich Beine und Flügel, wohingegen die Larve, das heißt der Engerling, nur winzige Borstenfüße und einen aufgeblähten Hinterleib besitzt. Noch vor dem Winter schlüpft der Käfer aus der Puppe, verbleibt aber bis zum Mai im Boden. Er härtet dort seinen Außenpanzer, weshalb im Frühjahr des vierten Jahres keine frisch geschlüpften Käfer auftauchen – im Gegensatz zu anderen Arten, bei denen gerade geschlüpfte Käfer durch ihren hellen Chitinpanzer auffallen.

Der vierjährige Rhythmus des gehäuften Auftretens der Käfer, der dem Entwicklungszyklus entspricht, wird noch von einem dreißigjährigen Zyklus überlagert, der durch bestimmte Pilze ausgelöst wird, welche Maikäferlarven schädigen. Die Pilzentwicklung bricht alle dreißig Jahre zusammen; in dieser Zeit können sich dann die Käfer besser und vermehrt weiterentwickeln. Sicher wirken sich noch zahlreiche andere, bisher aber unbekannte Faktoren auf die Entwicklung der Käfer aus.

Wehe, wehe, wenn ich auf das schnelle Ende sehe

Haben Käfer und Larve die vielfachen Bedrohungen der ersten vier Jahre überstanden und sind von den zahlreichen Fressfeinden wie räuberischen Käfern, Mäusen, Maulwürfen, Fuchs, Dachs oder Igel nicht aufgespürt worden, wird der Maikäfer zum ersten Flug starten. Er wird sich auf Eichen, Buchen oder Ahornbäumen niederlassen, um mit den Artgenossen die Blätter zu verspeisen. Neben diesem Futter, das sich so ganz von der bisherigen Wurzelkost in seiner Jugend unterscheidet, steht die Paarung und Fortpflanzung im Zentrum des kurzen Lebens. Als flugfähiger Käfer, der durch die Reihe der weißen Dreiecke an den Seiten und durch das ausgezogene Stielchen am Hinterleibsende auffällt, lebt er oft nicht einmal einen Monat.

Männliche und weibliche Käfer unterscheiden sich durch die Größe der Lamellen am Ende der Fühler. Beim Männchen sind diese deutlich länger und werden fächerförmig aufgestellt. Auf den einzelnen »Blättern« der Fühlerkeule befinden sich die Geruchsorgane, welche die von den Weibchen abgegebenen Duftstoffe (Sexualpheromone) registrieren. Neben den Weibchendüften werden auch andere Gerüche wie die der Futterpflanzen wahrgenommen; dies müssen natürlich auch die Weibchen mit ihren deutlich kleineren Fühlerblättchen. Die Duftspur wird vom Männchen verfolgt, und auf den Fraßbäumen findet die Paarung statt. Davor kommt es unter den Männchen zu Rivalenkämpfen und Versuchen, ein Weibchen zu erobern und den oder die Konkurrenten abzuschütteln. Nach der Paarung sterben die Männchen meist sehr schnell. Die Weibchen findet man dann häufig am Boden, wo sie die Eier ablegen. Aus den befruchteten Eiern schlüpfen nach etwa sechs Wochen die ersten kleinen Engerlinge und der Lebenszyklus beginnt von Neuem.

Unsere heimatlichen Gefilde wären deutlich ärmer, wenn die im Frühjahr umherschwirrenden braunen Brummer fehlen würden, wenn Kinder nicht mehr das Gefühl erfahren könnten, wie es sich anfühlt, wenn ein solcher Käfer, auf die Nase gesetzt, langsam nach oben zum Haaransatz krabbelt. Mögen noch viele Lieder auf ihn gesungen oder sogar neu komponiert werden!

Ernst-Gerhard Burmeister

Sammeln, forschen und bewahren – Naturkundemuseen im 21. Jahrhundert

Naturkundemuseen gehören zu den Bildungseinrichtungen, an die viele Leute ganz besondere Kindheitserinnerungen haben. Neben riesigen Dinosauriern und anderen urzeitlichen Wesen, die uns damals natürlich noch viel größer erschienen, als sie ohnehin sind, waren es vor allem die vielen seltsamen ausgestopften Tiere, die einen bleibenden Eindruck hinterließen. Spätestens beim Lesen der begleitenden Texte, die häufig mit den Worten »vom Aussterben bedroht« endeten, kamen aber auch schnell Bedenken auf, ob es denn richtig und sinnvoll ist, solch seltene Wesen zu töten und in einer gläsernen Vitrine auszustellen. Noch größer werden diese Bedenken, wenn man weiß, dass die ausgestellten Exemplare nur »die Spitze des Eisbergs« sind und sich in den Magazinen jedes größeren Naturkundemuseums Tausende, ja Millionen Tier- und Pflanzenpräparate befinden und es sich auch hier nicht selten um bedrohte oder tatsächlich ausgestorbene Arten handelt. Es ist also durchaus zu hinterfragen, ob solche Sammlungen noch zeitgemäß sind und welchen Zwecken sie heutzutage dienen.

Unüberschaubare Vielfalt

Moderne Schätzungen lassen vermuten, dass wir den Planeten Erde mit mindestens zehn Millionen Tierarten teilen, von denen erst ein kleiner Teil, das heißt weniger als zwanzig Prozent, wissenschaftlich beschrieben und benannt werden konnte. Eine solche wissenschaftliche Beschreibung ist aber die Grundvoraussetzung dafür, um überhaupt festzustellen, dass eine Art durch Umweltzerstörung, Veränderungen des Klimas oder andere Faktoren in ihrem Bestand zurückgeht oder gar vom Aussterben bedroht ist. Der nur scheinbar banal anmutende Satz »Nur was wir kennen, können wir auch schützen« bringt dies auf den Punkt.

In der ersten Hälfte des 18. Jahrhunderts begann der Schwede Carl von Linné (1707–1778) damit, die Vielfalt der Tier- und Pflanzenwelt systematisch zu erfassen und in ein einheitliches System zu stellen. Seit diesen Tagen arbeiten Wissenschaftler daran, die unüberschaubare Vielfalt der Natur zu beschreiben, zu benennen, zu ordnen und zu katalogisieren. Damit schaffen sie die Grundlage für alle anderen biologischen Disziplinen, aber auch für viele angewandte Fragestellungen. Vor allem im 19. und Anfang des 20. Jahrhunderts nahm das Gebiet der »Biologischen Systematik« deshalb eine zentrale Position in der Biologie ein. Von besonderer Bedeutung für den Biosystematiker sind dabei Vergleichssammlungen, denn nur der direkte Vergleich liefert den Beleg dafür, dass eine Tier- oder Pflanzenart tatsächlich »neu« ist. Ausgehend von diesem Konzept des direkten Vergleichs mit Belegen entstand ein ausgefeiltes System, das die Zuordnung vergebener Namen zu den entsprechenden Arten und die Eindeutigkeit der Benennung gewährleistet. Grundlage hierfür ist die Festlegung sogenannter »Typusexemplare«, die bei der Neubeschreibung einer Art ausgewählt und dauerhaft aufbewahrt werden müssen. Die Typensammlungen gehören deshalb zum wertvollsten, was Naturkundemuseen besitzen, da auf ihnen die Stabilität der gesamten biologischen Namensgebung beruht.

Der Biosystematiker – eine bedrohte Spezies

Da sich die Universitäten in den letzten Jahrzehnten vorwiegend anderen Bereichen der Biologie gewidmet haben, wird biosystematische Forschung zumindest in Europa heute fast ausschließlich an den großen naturkundlichen Museen und Forschungssammlungen betrieben. Diese Einrichtungen, in Deutschland zum Beispiel das Museum für Naturkunde in Berlin, das Senckenbergmuseum mit Hauptsitz in Frankfurt, die Staatlichen Naturkundemuseen Baden-Württembergs in Stuttgart und Karlsruhe oder die Staatlichen Naturwissenschaftlichen Sammlungen Bayerns in München, sind dabei gleichzeitig für die Aufbewahrung der hierfür zwingend notwendigen Vergleichssammlungen verantwortlich.

Tatsächlich bewahren die Naturkundemuseen aber nicht nur Sammlungen auf und stellen sie Wissenschaftlern für Forschungszwecke zur Verfügung. Wegen ihrer im Vergleich zu den Universitäten unterschiedlichen Forschungsrichtungen sind Naturkundemuseen gleichzeitig Rückzugsräume einer selbst vom Aussterben bedrohten Spezies: des bereits erwähnten Biosystematikers. Denn trotz alarmierender Fachartikel in den internationalen Spitzenzeitschriften, trotz aller anders lautenden Sonntagsreden und Beteuerungen von Regierungsstellen und Fördereinrichtungen, hat sich die Situation der Systematik, vor allem im Bereich der universitären Forschung, in den letzten Jahren nicht wirklich verbessert. An den Universitäten findet Systematik sowohl in der Forschung als auch in der Lehre kaum noch statt. Während die geschätzte Zahl der Arten in den letzten Jahren kontinuierlich stieg, sank die Zahl der zur Verfügung stehenden Systematiker eher, anstatt ebenfalls zu steigen.

Naturkundliche Forschungsmuseen sind deshalb heute weitgehend die einzigen Orte und Institutionen, an denen biosystematische Kompetenz in Form von Spezialisten zu finden ist. Dies lässt sich auch daran festmachen, dass es in vielen Fällen Wissenschaftler aus diesen Einrichtungen sind, die die wenigen systematisch orientierten Lehrveranstaltungen an den Universitäten anbieten, da diese hierfür über kein eigenes fachkundiges Personal mehr verfügen.

Die korrekte Bestimmung von Organismen ist aber nicht nur für die Erfassung der Vielfalt des Lebens (Biodiversität) und für die Neubeschreibung von Arten zwingend notwendig. Korrekte Artbestimmungen sind auch von großer praktischer Bedeutung und Fehler hierbei haben schon oft viele Millionen gekostet. So zum Beispiel bei der immer häufigeren Verschleppung von Arten, die schädliche Wirkungen entfalten. Nur bei korrekter Bestimmung dieser oft als »Neobioten« bezeichneten Einwanderer ist es möglich, Herkunft und Verschleppungswege der ungebetenen Gäste zu rekonstruieren und passende Gegenmaßnahmen zu ergreifen. Beispiele für solche Einschleppungen in den letzten Jahren sind die braunen iberischen Wegschnecken *Arion lusitanicus*, die Kastanienminiermotte *Cameraria ohridella* vom Balkan, das Indische Springkraut *Impatiens glandulifera* oder ganz aktuell das stark Allergie auslösende, aus Nordamerika stammende Traubenkraut *Ambrosia artemisifolia*.

Hightech im Museum

Naturkundemuseen sind also zum einen Archive des Lebens, in denen Belege für die Vielfalt des Lebendigen und deren Veränderung für heutige ebenso wie für künftige Generationen aufbewahrt werden. Zum anderen sind sie Kompetenzzentren der Biosystematik, auf die zu verzichten dramatische Konsequenzen hätte. Auch sind sie selbst Ort aktiver und moderner wissenschaftlicher Forschung, denn selbstverständlich hat sich auch die Systematik in den letzten Jahrhunderten und insbesondere in den letzten Jahrzehnten inhaltlich und methodisch geradezu stürmisch weiterentwickelt. Ging von Linné noch von der Unveränderlichkeit der Arten aus, so ist seit Charles Darwin (1809–1882) der Systematiker immer auch Evolutionsforscher. Systematische Kategorien sind heute nicht mehr nur »Schubladen«, sondern sollen die tatsächlichen natürlichen Verwandtschaftsverhältnisse widerspiegeln. Da hierbei zunehmend auf Methoden der Hightech-Morphologie wie etwa Ultrastrukturforschung und computergestützter 3D-Darstellung sowie der Molekulargenetik zurückgegriffen wird, ist der Systematiker heute oft auch Technologe und Molekularbiologe. Zugleich bringt die Internet- und Webtechnologie viele Detailinformationen über Arten und Sammlungsobjekte schnell und geordnet an den Mann oder die Frau. In der Tat haben viele Museen gerade in den letzten Jahren stark in entsprechende Infrastruktur investiert, und der Prozess einer globalen virtuellen Gesamtsammlung, etwa in Form der »Encyclopedia of Life«, nimmt bereits konkrete Gestalt an.

In vielen Bereichen der angewandten Systematik werden die Methoden und Möglichkeiten der Molekulargenetik in den nächsten Jahren zu großen Fortschritten führen. So hat zum Beispiel ein aktuelles Projekt der Zoologischen Staatsammlung München die Erfassung der gesamten Tierwelt Bayerns in Form eines sogenannten DNA-Barcodings zum Ziel – ein Quantensprung für die »Fauna Bavarica«, die damit erstmals auch genetisch charakterisiert wird. Dies wird bereits in wenigen Jahren nicht nur die exakte Bestimmung eines jeden Tierfundes, sondern auch analog zur Kriminalistik die Identifikation einzelner Haare, Kotproben oder sonstiger Funde anhand von standardisierten Testverfahren ermöglichen.

Nur was man kennt, kann man lieben und schützen

Kommen wir aber zurück zum Anfang unserer Überlegungen. Ausgehend vom Besuch im Naturkundemuseum stellte sich uns ja die Frage, ob es noch zeitgemäß ist, seltene und vom Aussterben bedrohte Tiere öffentlich auszustellen. Trotz der Möglichkeiten, die uns Bücher, Fernsehen, Internet und andere Medien bieten, gehören naturkundliche Museen immer noch zu den beliebtesten und meistbesuchten Kultureineinrichtungen überhaupt. So zählte das Museum für Naturkunde in Berlin nach seiner umfangreichen Renovierung im Jahre 2007 in nur etwas mehr als eineinhalb Jahren eine Million Besucher und das Senckenbergmuseum in Frankfurt freute sich im Jahre 2008 über etwa 350.000 Besucher. Das Museum Mensch und Natur in München besuchen jährlich mehr als 200.000 Naturinteressierte, darunter viele Schulklassen und Familien, die hier nicht nur kurzweilige Stunden, sondern vor allem Informationen zu verschiedensten naturwissenschaftlichen Themen finden. Infotainment im besten Wortsinn ist das Gebot der Stunde, will man Kenntnisse und damit Wertschätzung der belebten Natur an die nächsten Generationen vermitteln.

Zentral für die Attraktivität der Naturkundemuseen ist dabei neben einer modernen und interaktiven Präsentation auch die Authentizität der Exponate. Genau hier unterscheidet sich das Museum von anderen Angeboten wie Fernsehen oder Internet, aber auch vielen sogenannten Science-Centern. Vor allem im Hinblick auf Fragen der Biodiversität, aber auch des Arten- und Naturschutzes sind deshalb Tierpräparate von unschätzbarem Wert. Gerade Kindern lässt sich anhand solch »echter« Objekte der Wert und die Bedeutung – und damit die Schutzwürdigkeit – dieser Arten weitaus besser vermitteln, als es Bilder und andere »Konserven« jemals könnten.

Selbstverständlich ist dies kein Freibrief zur ungehemmten Entnahme von Tieren und Pflanzen aus der Natur. Kein seriöses Museum wird heutzutage Präparate aus fragwürdigen Quellen erwerben, um eine »Lücke« in der Ausstellung zu füllen. Neuerwerbungen seltener und geschützter Arten sind heute fast ausschließlich Totfunde oder stammen aus Gefangenschaft, etwa aus Zoos. Eine Nutzung dieser Präparate ist daher nicht zum Schaden der Wildpopulation. Maßloses und rücksichtsloses Sammeln ist heute nicht akzeptabel. Genauso wenig ist aber eine über das Ziel hinausschießende Überregulierung sinnvoll, die nicht selten genau das Gegenteil von dem bewirkt, was sie erreichen soll. Nur der Kontakt mit Tieren und Pflanzen, sei es im Museum oder in der »freien Natur«, kann junge Menschen für diese begeistern und aus ihnen später engagierte Naturschützer machen. Naturkundemuseen können und sollen dazu einen bedeutenden Beitrag leisten. Dabei müssen sie selbstverständlich ihre eigenen Methoden und Ansätze immer wieder aktualisieren und den sich verändernden Gegebenheiten anpassen. Dies zeigt sich unter anderem in der wachsenden Bedeutung museumspädagogischer Angebote, die von der klassischen Führung über praktische Arbeiten im Museum bis zu mehrtägigen Workshops mit Exkursion und Betreuung durch kompetente Fachleute reichen.

Naturkundliche Museumssammlungen erfüllen also zwei auch in Zukunft ungeheuer wichtige Aufgaben, indem sie zum einen der Forschung, zum anderen der naturwissenschaftlichen Bildung und der Erziehung zu einem verantwortungsvollen Umgang mit unserer Umwelt und den Mitgeschöpfen dienen. Vielleicht ist es also doch nicht nur ein Zufall, dass im Wort »Museum« das englische Wort »Use« (= Gebrauch) steckt, denn Naturkundemuseen braucht es auch in Zukunft – und in Zeiten von Klima- und Biodiversitätskrise dringlicher denn je.

Michael Apel und Gerhard Haszprunar

Das Hermelin – ein Mäusejäger im Königskleid

Ein kalter, grauer Wintertag geht langsam zu Ende. Kein Geräusch ist zu vernehmen, nur der Schnee knirscht leise unter den Stiefeln. Schwer beginnt sich der Nebel über die abgeernteten Felder zu legen. Plötzlich, wie aus dem Nichts taucht oberhalb des Hohlwegs am Rande einer breiten Hecke ein kleiner Kopf auf. Nahezu wie ein Schatten, denn er ist schneeweiß und daher fast unsichtbar, und nur für einen Augenblick, dann ist er auch schon wieder verschwunden.

Viele Räuber sind der Mäuse Tod

Ob es ein Hermelin war oder die kleinere Schwesterart, das Mauswiesel, lässt sich erst sagen, wenn die Schwanzspitze zu sehen ist: Ist die Spitze schwarz, haben wir es mit einem Hermelin zu tun. Ansonsten sind sich beide recht ähnlich, haben einen walzenförmigen, lang gezogenen Köper und kurze Beine. Das Mauswiesel ist jedoch noch ein Stück kleiner; wie sein Name verrät, kann es seiner Hauptbeute, den Mäusen, sogar in deren Baue folgen. Für einen besseren Überblick müssen sich allerdings beide Arten kräftig auf die Hinterbeine stellen.

Hermelin und Mauswiesel gelten als unsere kleinsten Raubtiere. In den nördlichen Regionen Eurasiens und Nordamerikas sind sie weit verbreitet – zum Leidwesen aller kleinen Nager, für die sie den personifizierten Schrecken darstellen. Ihre lang gestreckten Körper verlieren viel Wärme, was sie zur regen Nahrungsaufnahme zwingt. So erlegt ein Hermelin rund zwei bis drei Mäuse pro Tag, was einer permanenten Suche nach Fressbarem gleichkommt. Dabei schrecken sie selbst vor Tieren nicht zurück, die deutlich größer sind als sie selbst. Anders als bei Mäusen funktioniert dann zwar der effektive Genickbiss nicht mehr, aber der kleine Räuber kennt noch andere Tötungsvarianten: Das Opfer wird durch einen Kehlbiss regelrecht erwürgt, was einige Sekunden dauert und dem Hermelin den etwas zweifelhaften Ruf des wilden und blutrünstigen Räubers eingebracht hat.

Dass uns das Hermelin auf unserem Winterspaziergang ausgerechnet hier begegnet, ist kein Zufall. Es ist ein typischer Bewohner strukturreicher Wiesen und Felder mit Randlinien und Rainen, sucht aber gerne auch die Nähe von Bächen auf. Dort stellt es größeren Mäusearten wie der

Schermaus nach. Wird die Mäusenahrung in schlechten Jahren knapp, kann das Hermelin, anders als der kleine Verwandte, rasch auf andere Beute umsteigen.

Ansehnlicher Tummelplatz für den reichen Nachwuchs

Das Reich, welches das Hermelin sein Eigen nennt, ist recht ansehnlich. Rund 20 Hektar umfasst das Revier eines Rüden. Viel zu groß, um es ständig gegen andere männliche Artgenossen zu verteidigen. Daher setzen sie auf Duftschranken. Der Kernbereich des Territoriums wird mit ihren intensiv riechenden Moschusdrüsen markiert und damit eine zweideutige Botschaft abgesetzt: Rivalen müssen draußen bleiben, Weibchen sind dagegen herzlich willkommen! Frau Hermelin ist um einiges kleiner und begnügt sich mit einem bescheideneren Territorium. Durch die unterschiedliche Körpergröße jagen die beiden Geschlechter zum Teil auch unterschiedlich große Beutetiere. Das ist sinnvoll und wichtig zugleich. Denn so können sie das gleiche Gebiet bewohnen, ohne sich allzu sehr in die Quere zu kommen, und das Weibchen kann seiner enormen Aufgabe gerecht werden, bis zu zwölf Junge alleine großzuziehen.

Geworfen wird der Nachwuchs zur besten Zeit des Jahres, im Wonnemonat Mai. Auch die Ranzzeit – so nennt der Jäger die Paarungszeit des behaarten Raubwilds – findet in den Sommermonaten Juni oder Juli statt. So kommt man auf eine überaus stattliche Tragzeit von mehr als zehn Monaten – recht ungewöhnlich bei einem derart kleinen Tier. Wie lässt sich das erklären? Wie bei einigen anderen Marderarten oder beim Reh kommt es nach der Befruchtung zu einer Keimruhe. Erst im Frühling nisten sich die befruchteten Eier ein und beginnen zu wachsen. Der dahinterliegende Sinn ist, die beiden energieaufwendigen Phasen des Jahres, die Paarungs- und Setzzeit, in die Periode des besten Nahrungsangebots zu legen.

Im Winter trägt man weiß

Da sie keinen Winterschlaf halten, bilden Hermeline einen attraktiven weißen Winterpelz aus, was ihre Jagd- und Überlebenschancen beträchtlich erhöht. Es verfügt darüber hinaus über eine zusätzliche, mitunter lebensrettende »Einrichtung«: Die bereits erwähnte schwarze Schwanzspitze. Beutegreifer konzentrieren sich bei einem sich schnell bewegenden, schneeweißen Objekt auf das schwarze Ende und versuchen, dieses zu fangen. Doch gerade dort befindet sich nichts, was man packen könnte – etwa ein Schwanzende mit Haut und Knochen –, sondern nur ein Büschel schwarzer Haare. Dies hat sicher schon so manchem Hermelin das Leben gerettet!

Gerade diese dunkle Schwanzspitze macht das Hermelin so berühmt – wenn auch erst im erlegten Zustand. Auf offiziellen Königsbildern erkennt

Hermelin *(Mustela erminea)*

Wissenswertes__Während der Paarungszeit im Frühjahr und Sommer ist das Hermelin auch tagsüber zu beobachten. Sein Revier sind landwirtschaftliche Kulturflächen, optimalerweise in der Nähe von Gewässern. Trotz Flurbereinigung ist der kleine Jäger bislang nicht gefährdet.

Bemerkenswertes__Das Hermelin trägt einen weißen Winterpelz, der bei Fürsten und Königen höchste Wertschätzung genoß.

man immer wieder die purpurroten Mäntel oder Umhänge mit den weißen Krägen und den schwarzen Punkten. Dabei handelt es sich um nichts anderes als Winterpelze des Hermelins. Allein zwanzig Hermeline braucht ein Kürschner für einen derartigen Kragen. Lohnend sind hierbei nur die reinweißen Winterpelze, die außerdem dichter und wärmer sind als das wertlose Sommerfell. Das winterliche Outfit hat dem Hermelin auch den Ruf der Reinheit eingebracht und zum Symbol für Erhabenheit und Keuschheit erhoben. Obwohl es an wärmeren Pelzen keinesfalls mangelt, gibt es keinen Pelz, der einen höheren gesellschaftlichen Status genießt. Das Fell des Hermelin war ausschließlich den höchsten Würdenträgern wie Fürsten, Königen und Kaisern vorbehalten. Auch der Papst trägt noch immer eine hermelinbesetzte Samtmozetta.

Bei uns genießen die wenigsten Mitglieder der Marderfamilie einen solch makellosen Ruf. Der Iltis, beziehungsweise seine Haustierform, das weiße Frettchen, gelten vielmehr als Stinktier und damit im übertragenen Sinne als unrein. Hierzu gibt es eine originelle kunstgeschichtliche Begebenheit zu erzählen: Der ebenso geniale wie willensstarke Leonardo da Vinci (1452 bis 1519) erhielt vom mächtigen Mailänder Herzog Ludovico Sforza den Auftrag, dessen schöne Geliebte Cecillia Galerani zu malen. Dies, obwohl der Herzog mit Beatrice d'Este verheiratet war. Da Vinci konnte den Auftrag wohl wegen seiner unsicheren Stellung am Hofe nicht ablehnen, zeigte aber doch versteckt, was er von der Beziehung hielt. So bildete er die Galerani mit einem »unreinen« Frettchen auf dem Arm ab, nannte das Bild aber ganz harmlos »Dame mit Hermelin«. Noch heute ist offenbar der zoologische und symbolische Unterschied der beiden Arten weitgehend unbekannt, denn das Gemälde firmiert immer noch unter diesem Titel. Ein Missgeschick da Vincis ist sicher auszuschließen, denn er galt als außergewöhnlicher Naturkenner und Freund der Symbolik.

Das Hermelin hat allerdings wenig von seinem guten Ruf. Ende des 19. Jahrhunderts exportiere Russland jährlich über eine Million dieser kleinen Marderpelze und auch heute noch spielen sie im russischen Pelztierhandel eine wesentliche Rolle. Es ist höchste Zeit, dass sich hieran bald etwas ändert!

Volker Zahner

Der Igel – ein Märchenheld im Vorstadtidyll

Kein Zweifel, das Husten kommt aus dem Laubhaufen direkt unterhalb des Holzstapels. Ein wunderbares Versteck! Gut geschützt, trocken, aber nicht zu warm. Es muss wohl ein Igel sein, der nach dem langen Winterschlaf hier Quartier bezogen hat. Während der dunklen, kalten Wintertage haben wir sie beneidet, die Winterschläfer. Doch die Strategie dieses relativ großen Insektenfressers ist nicht ohne Risiko: Rund fünfzig Prozent der Igel erleben das Ende des Winters nicht. Gerade für Jungigel ist es eine Frage des Überlebens, den Winterschlaf als gut genährtes Schwergewicht anzutreten. Werden die Tage kürzer und die Temperaturen sinken auf Werte um fünf Grad Celsius, wird das Signal zum Winterschlaf ausgelöst. Zuvor haben sich die Igel reichlich satt gefressen und ihre Energiereserven aufgefüllt. Das weiße Unterhautfett soll sie über die kalte Jahreszeit bringen. Aus ihrem Schlaf wachen sie gelegentlich auf, um Kot und Urin auszuscheiden. Während der Schlafphasen sinkt die Köpertemperatur drastisch, der Herzschlag wird von 250 auf zehn Schläge pro Minute gedrosselt und die Atmung setzt zum Teil bis zu zwei Stunden aus. Alles dient nur einem überlebenswichtigen Zweck, der Drosselung des Energieverbrauchs.

Im Frühjahr erwachen die Lebensgeister

Im April, wenn der Winter vorüber ist, sind die Energiereserven so gut wie aufgezehrt, was wenig verwundert, schließlich hat der Igel gerade eine fünf- bis sechsmonatige Fastenkur hinter sich. Jetzt sieht man ihn sogar am Tage durch die Gärten tappsen. Er muss nun wieder rasch an Gewicht zulegen, denn während seines Winterschlafs hat er fast vierzig Prozent seiner Körpermasse eingebüßt. An den Rändern von Siedlungen, dort wo die Bebauung auflockert, sucht er zwischen Schlüsselblumen und Schneeglöckchen rastlos nach Käfern und Regenwürmern, die er dann laut schmatzend verspeist. Naturnahe Ecken mit viel Laub und Buschwerk versprechen hier besonders reiche Insektenbeute oder schmackhafte Würmer zuhauf.

Die größte Herausforderung kommt aber im Sommer zwischen Juni und August. Es ist die Zeit der Fortpflanzung und der Aufzucht der Jungen. Eine Besonderheit ist, dass Igel kein Revier verteidigen. Ihren Lebensraum teilen sie mit anderen Igeln beiderlei Geschlechts. Dafür haben sie große Streifgebiete. Bei der Fortpflanzung setzen beide Partner auf Vielfalt. Männchen und Weibchen paaren sich mit mehreren Artgenossen, nach dem Prinzip der Risikostreuung. Nach etwas mehr als einem Monat erblicken vier bis fünf hungrige Jungtiere das Licht der Welt. Die Stacheln sind noch in die Rückenhaut eingebettet, sodass die Mutter bei der Geburt nicht verletzt wird. Jedes der rosigen und recht verknittert wirkenden Igelchen wiegt gerade mal um die zwanzig Gramm, ungefähr so viel wie zwei Rippen Schokolade. Rund vierzig Tage werden sie gesäugt, um kurz darauf selbstständig ihren Weg zu gehen. Der Igelvater ist an der Aufzucht übrigens nicht beteiligt und wird seinen Nachwuchs nie zu Gesicht bekommen.

Wenn selbst Stacheln nicht mehr schützen

Igel sind selbstbewusst und wirken sogar in der Nähe von Menschen recht unbeeindruckt. Das Stachelkleid verleiht offenbar Selbstvertrauen. Wird ein Hund oder eine Katze zu aufdringlich, formt er sich einfach zur Kugel und der Angreifer verliert bald jegliches Interesse. Bei Hunden geschieht dies in der Regel erst dann, wenn sie sich die sprichwörtlich blutige Nase geholt haben. Die Stacheln selbst sind nadelspitz, hohl und damit sehr leicht. Als natürlichen Feind hat er ob dieser Waffe nur den Uhu und den Dachs zu fürchten. Die große Eule kann mit ihren mächtigen Krallen durch das Stachelkleid greifen und ihn töten. Damit lösen sich die Muskeln und der Schutzmantel öffnet sich. Die Umgebung von Uhuhorsten ist daher oftmals an den stacheligen Hautresten früherer Igelmahlzeiten zu erkennen. Auch beim Dachs sind es die langen Krallen, die dem Igel zum Verhängnis werden. Dabei steht der Igel gar nicht mal an erster Stelle der Beutetiere von Gevatter Dachs, der verspeist nämlich am liebsten Regenwürmer – genau wie der Igel. Doch da er nun mal auch Igel zum Fressen gern hat, meidet der Igel das Dachsrevier wie der Teufel das Weihwasser, selbst wenn es dort vor Regenwürmern und anderen Leckerbissen nur so wimmelt!

Doch es gibt noch einen größeren Feind als Dachs und Eule. Es ist der ständig zunehmende Straßenverkehr. Spürt ein Igel die Vibration eines nahenden Autos, rollt er sich zusammen – ein oftmals tödlicher Fehler. Nach Expertenschätzung kommen jährlich rund fünzig Prozent der Igel auf der Straße zu Tode. Je größer die Straßendichte und je stärker der Verkehr, umso mehr steigt das Risiko. Neben der modernen Landwirtschaft ist dies der Hauptgrund, warum die Anzahl der Igel in den letzten zwanzig Jahren markant zurückgegangen ist.

Igel *(Erinaceus erinaceus)*

Wissenswertes__Das beliebte Tier ist trotz zahlreicher »Verkehrstoter« nicht gefährdet. Der Igel liebt Wälder, Hecken und Gärten. In der kalten Jahreszeit hält er einen mehrmonatigen Winterschlaf.

Bemerkenswertes__Hustende Igel sind keine Sinnestäuschung: Der Infekt wird von Lungenwürmern ausgelöst, welche über den Verzehr befallener Schnecken in die Blutbahn gelangen.

Sympathisch und bewundert

Trotz dieses Aderlasses ist der Igel bekannt wie kaum ein anderes wildlebendes Säugetier. Das verwundert nicht, denn er hat in den Gärten unserer Städte und Dörfer eine neue Heimat gefunden. Hier ist er nicht nur geduldet, sondern ein echter Sympathieträger. Sein lang gestrecktes Gesichtchen mit der immer feuchten Nase, sein kecker, aufgeweckter Blick, seine vergleichsweise großen Ohren und die schwarzen, kleinen Knopfaugen lassen unsere Herzen einfach höher schlagen. Dass er Jagd auf Insekten und kleine Schnecken macht, tut ein Übriges dazu. Doch leider birgt ein solcher Garten auch Gefahren: Viele Schnecken sind nämlich Zwischenwirte von Lungenwürmern. Werden die Schnecken vom Igel gefressen, gelangen die Würmer in seinen Verdauungstrakt und von dort mit der Blutbahn in seine Lunge, weshalb man Igel so häufig husten hört. Eine weitere Gefahr ist das im Garten oft eingesetzte Schneckenkorn, mit dem sich die kleinen Insektenfresser vergiften.

Um den Igel ranken sich zahlreiche Geschichten. Eine der bekanntesten ist wohl die vom Hasen und dem Igel. Die Niederlage des Hasen mahnt uns dazu, auch den vermeintlich Schwächeren ernst zu nehmen und ihm gegenüber nicht hochnäsig zu werden. Wilhelm Busch hat den Igel sogar zu seinem Lieblingstier erkoren, da er seiner Meinung nach »das beste Beispiel für den bewaffneten Frieden« sei. Bewunderer hatte der Igel aber schon in der Antike. So berichtete bereits Aristoteles (384–322 v. Chr.) davon, dass Igel Schlangen fräßen, ja sogar gegen das Gift der Kreuzotter immun seien. Die Wissenschaft hat diese Schilderungen lange Zeit belächelt – zu Unrecht, wie man heute weiß. Die Stachelhäuter produzieren mit dem Stoff Erinacin eine Art Gegengift. Man tut also gut daran, den kugeligen und manchmal behäbig wirkenden Gesellen nicht zu unterschätzen.

Damit wir noch lange Freude an ihm haben, sollte man den Igel tatkräftig unterstützen. Am meisten profitiert er von einem vielfältigen, naturnahen Garten. Hier findet er ausreichend Nahrung und sicher so manches Versteck. Ein anderer Weg ist die Förderung einer ökologisch orientierten Landwirtschaft, die auf Hecken Rücksicht nimmt und nicht jeden Zentimeter Krautsaum am Wegesrand unterpflügt. Wir sind also alle aufgerufen, den kleinen Insektenfresser zu unterstützen!

Volker Zahner

Naturbelassen und unordentlich – Ein perfekter Garten für den Igel

Igel sind zahlreichen Gefahren ausgesetzt: Siedlungen und Straßenbau schränken ihren Lebensraum ein, hunderttausende Igel sterben jedes Jahr auf den Straßen, verwaiste Jungtiere verhungern. In Gärten fehlen häufig Unterschlupfmöglichkeiten und Nahrung. Gartenbesitzer(innen) können daher einen wertvollen Beitrag zum Igelschutz leisten.

Und so wird's gemacht

– Eine naturnahe Gartengestaltung ist die beste Igelhilfe. Niedriges Buschwerk, Reisighaufen sowie Holzstöße mit Zwischenräumen bieten Unterschlupf- und Nistmöglichkeiten, liegengelassenes Laub bietet im Winter Schutz. Naturnahe Blumenwiesen sind Lebensraum für viele Insekten, hier finden Igel reichlich Nahrung.
– Zufütterung unterstützt Igel in nahrungsarmen Jahreszeiten. Geeignet ist zum Beispiel Katzendosenfutter, vermischt mit Igeltrockenfutter oder Haferflocken. Das Futter abends zusammen mit Trinkwasser bereitstellen. Wichtig ist, die Schälchen am nächsten Tag zu säubern. Bitte keine Milch geben!
– Igel durchstreifen nachts große Gebiete. Durchschlupfmöglichkeiten im Gartenzaun helfen ihnen, sich frei zu bewegen. In Maschendraht können sich Igel verfangen.

☞ Igel sind häufige Gäste in unseren Gärten. Wer ihnen eine Heimstatt schafft hat sehr gute Chancen, dem beliebten Tier in der Dämmerung zu begegnen.

Engagierte Igelschützer(innen) finden in folgenden Büchern eine Vielzahl weiterer Informationen und Tipps:

Wolf Richard Günzel
Der igelfreundliche Garten
pala verlag, Darmstadt, 2008

Monika Neumaier
Igel in unserem Garten. Expertenrat aus erster Hand.
Franckh-Kosmos Verlag, Stuttgart, 2008

Der Kuckuck – ein kluger Vogel lässt brüten

Wenn Aristoteles (384–322 v. Chr.) sich über das Leben und Treiben des Kuckucks auslässt, klingt hier und da Verachtung durch: Der Vogel sei schrecklich feige, denn sein exzentrisches Fortpflanzungsverhalten könne ja nur einen Grund haben: Er traue sich nicht einmal zu, seine eigenen Jungen zu verteidigen, und delegiere deshalb die Aufzucht seiner Brut lieber gleich an fähigere Vögel.

Lassen wir mal die Moral beiseite: Eigentlich hat der Kuckuck eine geniale Variante der Vermehrung gefunden. All den Aufwand, den andere Vogelarten wochen- und monatelang treiben müssen, hat er weitgehend gestrichen. Da wäre schon mal die Paarbildung. Der »normale« Singvogel bleibt zumindest für die Dauer einer Brutsaison zwecks Jungenaufzucht mit seiner Partnerin zusammen. Bei Kuckucks (die übrigens nicht zu den Singvögeln gehören) geht es erheblich lockerer zu: Ein Paar bleibt bestenfalls einen Tag beieinander. Man könnte es auch anders ausdrücken: Jeder darf mit jedem.

Ein Luder von einem Vogel

Wer sich mit Tieren beschäftigt, sollte menschliche Moralvorstellungen tunlichst hintanstellen, doch selbst ein hervorragender Tierbeobachter wie Alfred Brehm (1829–1884) konnte sich einen missbilligenden Unterton nicht verkneifen, als er in seinem »Thierleben« das Paarungsverhalten des Kuckucks beschrieb: »Die Liebe scheint ihn geradezu von Sinnen zu bringen. Er ist buchstäblich toll, solange die Paarungszeit währt, schreit unablässig so, dass die Stimme überschnappt, durchjagt unaufhörlich sein Gebiet und sieht in jedem anderen einen Nebenbuhler, den hassenswertesten aller Gegner.« Noch schlimmer aber treibt es das Kuckucksweibchen, dieses Luder von einem Vogel: »[Es] antwortet, in unmittelbare Nähe des rufenden Männchens gelangt, indem es seinen eigentümlichen, volltönenden, kichernden oder lachenden Lockruf zu hören gibt. Der Ruf ist verlockend, verheißend, im voraus gewährend, seine Wirkung auf das Männchen eine geradezu zauberische. Augenblicklich verlässt es seinen Sitz […] und jagt hinter dem Weibchen her. Dieses wiederholt die Einladung, […] alle in Hörweite schreienden Männchen fliegen ebenfalls herbei, und eine tolle Jagd beginnt. Nicht allzu selten folgen einem Weibchen zwei, drei, selbst vier Männchen nach […] Das Weibchen ist nicht minder erregt als sein

Kuckuck *(Cuculus canorus)*

Wissenswertes__Der Kuckuck steht in der Vorwarnliste der Roten Liste der Brutvögel Deutschlands. Als Gründe gelten der Rückgang der Wirtsvögel und der Nahrungsinsekten. Den Langstreckenzieher trifft man nur von April bis August bei uns an.
Bemerkenswertes__Trotz mäßiger Gesangesleistung ist der Kuckuck Held vieler Volkslieder. Sein Ruf fand bei Ludwig van Beethoven (Pastorale) und Leopold Mozart (Kindersinfonie) Eingang in die klassische Musik.

Gefolge, […] sein scheinbares Sprödethun nichts andres als das Bestreben, noch mehr anzufeuern. Willig und widerstandslos gibt es sich jedem Männchen hin; Schranken der Ehe kennt es eben nicht.«

Biologen sehen das natürlich anders: Wozu sollte ein Kuckucksweibchen Zeit und Mühe investieren, um einen guten Vater für ihre Jungen zu finden, wenn dessen Vaterqualitäten ohnehin nicht gefragt sind? Nicht mal seine Begabung im Nestbau spielt eine Rolle, denn auch dieser Programmpunkt eines »normalen« Vogelsommers ist ersatzlos gestrichen. Stattdessen beobachtet die Kuckucksfrau die potenziellen Wirtsvögel genau, die sich von dem auffälligen Gehabe des Kuckucksmännchens provozieren lassen. Gerade weil diese Vögel so wütend auf den Eindringling losgehen – und zwar umso wütender, je näher er ihrem Nest kommt –, verraten sie das Nest, das sie doch schützen wollen. Alles, was das Kuckucksweibchen nun tun muss, ist in Sekundenschnelle erledigt: Sie nutzt einen unbewachten Moment und deponiert ein einziges Ei im Nest der Adoptiveltern wider Willen. Passenderweise fühlt sie sich aber nur durch ein frisches Nest mit noch unvollständigem Gelege angeregt. Würde sie ihr Ei in ein Nest legen, dessen Eier schon einige Tage Vorsprung haben, hätte das schlüpfende Kuckuckskind in Konkurrenz mit den Stiefgeschwistern schlechte Chancen.

An Stiefeltern besteht kein Mangel

Als Stiefeltern für die kleinen Kuckucke (ein Weibchen legt im Schnitt neun, manchmal aber auch bis zu 25 Eier) kommen in Europa mehr als hundert Vogelarten infrage. Besonders beliebt als »Babyklappe« sind die Nester von Teichrohrsänger, Wiesenpieper, Neuntöter, Hausrotschwanz, Rotkehlchen, Bachstelze und sogar Zaunkönig. Sie alle können nolens volens dazu bestimmt werden, statt eigener Nachkommen ein Kuckuckskind aufzupäppeln.

Aber warum um Himmels willen wehren sich die Vögel nicht? Warum werfen sie das Fremdei nicht kurzerhand aus dem Nest? Weil sie es meist gar nicht als Fremdkörper erkennen. In der Regel sehen Kuckuckseier den jeweils »rechtmäßigen« Eiern zum Verwechseln ähnlich – mit dem Unterschied, dass sie ein wenig größer sind. Die Kuckucksweibchen verschiedener genetischer Linien legen nämlich ganz verschieden gefärbte und gemusterte Eier, die jeweils zu einem bestimmten Wirt passen. Da gibt es ausgesprochene Bachstelzenkuckucke, Wiesenpieperkuckucke, Rotkehlchenkuckucke und so weiter. Und wie funktioniert das in der Praxis? Woher »weiß« das Kuckucksweibchen, welches Gelege zu ihrem Eityp passt? Sie hat es gelernt, in ihrer frühesten Kindheit. Das erste, was ein frisch geschlüpfter Kuckuck sieht, sind die Eier seiner ungeschlüpften Stiefgeschwister, deren Aussehen er sich unauslöschlich einprägt. Ist der Nestling ein Weibchen, wird es später seine Eier nur in Nester mit »richtig« aussehenden Eiern legen.

Ein Nestling mit zweifelhaften Manieren

Ein frisch geschlüpfter Kuckuck ist besessen von einem einzigen Verlangen: Alles, was außer ihm und der Nestpolsterung im Nest ist, muss weg. Unbedingt! Sofort! Und so besteht die erste Tat des blinden, nackten Winzlings darin, alles, was im Nest herumliegt – seien das nun Eier oder schon geschlüpfte Stiefgeschwister – im Rückwärtsgang an den Nestrand zu schieben und über die Kante zu bugsieren.

Ist das erledigt, hat er knapp drei Wochen lang nur eines zu tun: fressen. Sobald seine Stiefeltern am Nestrand landen – auch ein noch blinder Nestling erkennt das an der leisen Erschütterung –, sperrt der Jungkuckuck den Schnabel auf, damit man ihn fülle. Die Stiefeltern ihrerseits können gar nicht anders, als diesen großen orangeroten Rachen unermüdlich vom Morgengrauen bis zur Abenddämmerung mit Häppchen zu füllen. In manchen Tiergeschichten ist die Rede von den »armen geschundenen Vogeleltern«, die »sich aufopfern« für den »unersättlichen Wechselbalg« von einem Kuckuck – doch davon kann keine Rede sein. Offensichtlich finden die Stiefeltern den übergroßen, knallig gefärbten Rachen des Fremdlings unwiderstehlich und sind geradezu versessen darauf, diesen Schnabel zu stopfen. Und schließlich: Ein junger Kuckuck frisst auch nicht mehr als fünf junge Rotkehlchen oder Wiesenpieper.

Der Kuckucksruf gehört zum Frühling wie die Schlüsselblumen. Wenn er Mitte April zum ersten Mal zu hören ist, wird auch heute noch insgeheim emsig mitgezählt. Einem uralten Aberglauben zufolge hat der Kuckuck nämlich prophetische Fähigkeiten und gibt mit der Anzahl seiner Rufe Auskunft darüber, wie viele Jahre man noch zu leben hat oder wahlweise, wie lange man noch ledig bleiben wird.

Seine eigene Zukunft allerdings konnte der Vogel nicht voraussehen: Wo Herbizide und Insektizide seine Beutetiere vernichten – Raupen, Libellen, Käfer und andere große Wirbellose –, ist seine Zeit abgelaufen. Und wo intensive Landwirtschaft Hecken, Röhrichtgürtel und Gehölzinseln beseitigt hat, nimmt der Vogelreichtum rapide ab – und damit auch die Anzahl der möglichen Adoptiveltern für Kuckuckskinder. Ob der Ehrentitel »Vogel des Jahres 2008« die Verantwortlichen zum Nachdenken gebracht hat? Weiß der Kuckuck!

Veronika Straaß

Musizieren mit Tieren – Kinderlieder rund um den Kuckuck

Tiere und ihre Laute haben uns Menschen zu allen Zeiten inspiriert. Vor allem den Vögeln verdanken wir eine Vielzahl bezaubernder Volks- und Kinderlieder. Trotz nur mäßiger Gesangesleistung hat der Kuckuck besonders häufig Einzug in das deutsche Liedgut gehalten: »Auf einem Baum ein Kuckuck saß« oder »Der Kuckuck und der Esel« sind uns noch aus Kindertagen geläufig. Das wohl berühmteste aller Kuckucks-Lieder sei hier noch einmal in Erinnerung gerufen:

Kuckuck ruft's aus dem Wald

Kuckuck, Kuckuck lässt nicht sein Schrei'n:
Komm in die Felder, Wiesen und Wälder.
Frühling, Frühling, stelle dich ein.

Kuckuck, Kuckuck, trefflicher Held.
Was du gesungen, ist dir gelungen.
Winter, Winter räumet das Feld.

Wer Kindheitserinnerungen auffrischen oder mit dem Nachwuchs musizieren möchte, wird in folgenden Büchern fündig:

Catrin Frischer, Annette Swoboda
Das Liederbuch
Fischer Taschenbuch Verlag, Frankfurt, 1999

Marlis Scharff-Kniemeyer
Der große Ravensburger Liederschatz
Die 100 schönsten Lieder für Kinder
Ravensburger Buchverlag, Ravensburg, 2008

Der Märzenbecher – ein Frühjahrsbote als Symbol der Unschuld

»... *die erste Blume nach des Winters Zwang*«
aus einem niederländisches Gedicht aus dem 14. Jahrhundert

Wer wie der Märzenbecher im späten Winter oder zeitigen Frühjahr grün und blühend aus der oft noch schneebedeckten Erde spitzt, hat sich über mangelnde Aufmerksamkeit nicht zu beklagen. Er ist jedoch nicht der einzige, der die Macht des Winters zu brechen vermag: Ein attraktiver Konkurrent um die Ehre, das Ende der kalten Jahreszeit zu verkünden, ist das noch früher erscheinende und dann in etwa zeitgleich blühende Schneeglöckchen.

Zwei zarte Pflänzchen künden vom Frühling

Beide Pflanzen gelten als die Frühlingsboten schlechthin. Dem Menschen sind sie ein freudiger Anblick, für Bienen und Hummeln eine wichtige erste Nahrungsquelle. Die Kraft für ihr frühes Erscheinen schöpfen diese zudem gegen Frost gefeiten Gewächse aus ihrem unterirdischen Überdauerungsorgan, einer Zwiebel.

Märzenbecher und Schneeglöckchen werden oft miteinander verwechselt und mit den gleichen Namen gerufen, wie Schneeglöckerl oder Märzenblümli. Sie gehören der gleichen Pflanzenfamilie an, den Amaryllisgewächsen, und sehen sich tatsächlich auf den ersten Blick sehr ähnlich. Von zierlicher Statur ragen sie zur Blütezeit etwa eine Handspanne aus dem Boden. Schmale linealische Blätter begleiten die aufrechten Blütenstängel, die an ihrer Spitze jeweils eine wohlgestaltete, nickende, weiße glockenförmige Blüte mit grünem unterständigen Fruchtknoten tragen; beim Märzenbecher können es bisweilen auch zwei Blüten sein. Bei genauerem Hinsehen erkennt man jedoch deutlich die Unterschiede. So ist das Laub des Schneeglöckchens graugrün gefärbt, das des Märzenbechers grasgrün. Unverwechselbar sind die Blüten. Die des Schneeglöckchens (*Galanthus*) bestehen aus drei äußeren, rein weißen Blütenblättern, die bei geöffneter Blüte abspreizen. Sie sind d[illegible]pelt so lang wie die drei inneren, die eine kurze Röhre bilden un[illegible]er ausgerandeten Spitze mit einem grünen bandförmigen Fleck [illegible] sind.

Die Blüte des Märzenbechers (*Leucojum vernum*) dagegen besteht aus sechs fast gleich langen und gleichartigen weißen Blütenblättern, die sich breit glockenförmig zusammenneigen und jäh in eine ausgezogene, verdickte und nach außen abstehende Spitze auslaufen. Oberhalb davon sind sie mit einem auffälligen, gelben oder gelbgrünen Tupfen geschmückt.

An Namen besteht kein Mangel

Das erste botanische Werk, in dem ein Märzenbecher abgebildet und beschrieben wird, ist das 1532 bis 1537 erschienene »Contrafayt Kreüterbuch« des deutschen Botanikers, Arzt und Theologen Otto Brunfels (1488–1534). »Weissz Hornungsblum« oder »Zeytlößlin« heißt unsere frühblühende Pflanze dort, denn »Hornung« ist ein altes Wort für den Monat Februar. Und als »zeitlos« bezeichnete man Pflanzen, die zur Unzeit, also nicht im Sommer, sondern im sehr frühen Frühjahr oder erst im Herbst zur Blüte kommen. »Weiß Merzen Violen« ist eine weitere Benennung, die sich im »Kreutterbuch« von Hieronymus Bock (1498–1554) aus dem Jahr 1546 findet. Sie bezieht sich auf den Duft des Märzenbechers, der an den der Märzveilchen erinnert.

»Weißes Veilchen« bedeutet auch der wissenschaftliche Gattungsname »*Leucojum*«. Zurückzuführen ist er auf das griechische »leukoion«, wobei »leukos« für weiß, die Endung »-ion« für Veilchen steht. Der zweite Teil des lateinischen Artnamens »*vernum*« weist auf die frühe Blütezeit hin und bedeutet Frühling. Auf die Blütezeit und den knotig abgeschnürten Fruchtknoten geht der heute gebräuchliche Name Frühlings-Knotenblume zurück. Die Bezeichnung Märzenbecher ist übrigens nicht ganz eindeutig, da man darunter auch die Osterglocke versteht, eine Narzissenart.

Eine Zierde mittelalterlicher Gärten

Sehr früh, wohl bereits zu Beginn des 15. Jahrhunderts, holte man sich den wunderschönen wilden Märzenbecher aus den natürlichen Beständen in der Umgebung als Zierpflanze in den eigenen Garten. Zwei Gemälde zeugen davon, dass schon damals heimische Wildpflanzen, darunter der Märzenbecher, in umfriedeten Gärten kultiviert wurden: Ein um 1410 von einem unbekannten oberrheinischen Meister angefertigtes Gemälde mit dem Namen »Paradiesgärtlein« und ein weiteres, dem gleichen Maler zugeschriebenes Bild »Maria in den Erdbeeren«, welches wohl um 1425 entstanden ist.

Das Abbild dieser irdischen Gärten ist nach dem damaligen Verständnis als Sinnbild und Lobpreis der Schöpfung, besonders auch der Gottesmutter Maria, zu deuten. Die dargestellten blühenden Pflanzen symbolisieren Mariens Tugenden, ihre Reinheit und Schönheit. Der Märzenbecher gedeiht dabei in nächster Nähe zu Maria: Er wächst zu ihren Füßen, neben dem Rocksaum. Die weiße Farbe der Blüten versinnbildlicht dabei Reinheit,

Märzenbecher *(Leucojum vernum)*

Wissenswertes__Ende März hat der Frühjahrsbote seinen großen Auftritt; dann kann er in naturnahen Erlen- und Eschenwäldern lokal sehr zahlreich vertreten sein. Doch seine Bestände sind stark rückläufig. Als Ursache gelten Entwässerung und die Umwandlung von Feuchtwäldern in Wirtschaftsforste.

Bemerkenswertes__Im Mittelalter symbolisierte der Märzenbecher die Tugenden der Gottesmutter – Reinheit, Unschuld und Vollkommenheit.

Licht, Unschuld und Vollkommenheit. Die mittelalterliche Pflanzensymbolik zu Ehren der Gottesmutter spiegelt sich auch in den Gesängen des 14. Jahrhunderts wider. Unter seinem alten Namen erscheint hier der Märzenbecher, als »zyteloos in Bruder Hansens« Marienliedern oder im Adventslied »Es kommt ein Schiff geladen« des deutschen Dominikaners Johannes Tauler (um 1300–1361), wo es heißt: »Du schöner Zitenlose mach uns von Sünden frey.«

Eine wenig bedeutende Rolle spielte der Märzenbecher dagegen als Heilpflanze. Hieronymus Bock weiß zwar Mitte des 16. Jahrhunderts zu berichten, dass die rohe zerstoßene Zwiebel mit Blättern äußerlich als warmer Umschlag aufgebracht bei »allen wunden« und »zerhawene spannadern« heilend wirkt, innerliche Anwendung wird dagegen nicht empfohlen: »Im Leib haben die Alten diß gewächs selten gebrauchet/außgeschieden wann sie jemandts wolten erbrechen helfen.«

Heute weiß man, dass das Erbrechen, ebenso wie Übelkeit, Durchfall und Herzrhythmusstörungen Vergiftungserscheinungen sind, die auf dem Gehalt an herzwirksamen Alkaloiden, hauptsächlich Lycorin und Galanthamin, beruhen. Das isolierte Galanthamin findet Verwendung in der modernen Medizin. Um 1980 entdeckte man, dass die Substanz den Verlauf von Alzheimererkrankungen deutlich verzögern kann.

Eine botanische Kostbarkeit in Gefahr

»Man pflanzt sie auch in gärten« heißt es im »New Kreüterbuch« von Leonhart Fuchs (1501–1566). Doch die schon vor Jahrhunderten in Kultur genommene »weiß hornungsblum« wird in unseren Gärten mehr und mehr vom wüchsigeren Schneeglöckchen verdrängt.

Auch in der Natur ist der Märzenbecher bei uns im Rückzug begriffen. Die Art ist stark gefährdet und steht unter Naturschutz. Dennoch wird der Bestand immer wieder durch verbotenes übermäßiges Pflücken und Ausgraben verringert. Eine große Gefahr für den Märzenbecher als einen Bewohner von feuchten Wiesen, Ufern, Au- und Laubmischwälder sind die Veränderungen seines Lebensraums. Trockenlegungen oder eine Aufforstung mit Nadelhölzern, die zu starker Beschattung und Bodenversauerung führt, setzen ihm stark zu.

Der Märzenbecher ist eine botanische Kostbarkeit und dort, wo sie bei uns noch in größeren Beständen vorkommt, eine Sehenswürdigkeit und Attraktion.

Ehrentraud Bayer

Das Pfaffenhütchen – die herbstliche Diva unter den Sträuchern

Im Frühling oder Sommer gibt sich das Pfaffenhütchen äußerst unscheinbar. Es gehört zu den strauchbildenden Gehölzen, die so gut wie nie einen Stamm ausbilden. Dabei ist das Pfaffenhütchen gar nicht mal selten: Es ist ein durchaus häufig anzutreffendes Element unserer Wälder, Waldsäume und Hecken. Im Winter, im laublosen Zustand, erkennt man besonders gut die sehr regelmäßige, leicht gegenständig versetzte Anordnung der Zweige, die an eine Fischgräte erinnert. Die Zweige selbst sind eigentlich rundlich, jedoch bildet der Strauch die für ihn typischen vier Kork-Längsleisten aus, sodass sie im Querschnitt viereckig erscheinen. Ein weiteres Element der Rinde sind die sogenannten Lentizellen oder Korkporen. Diese fungieren als Pforten für den lebensnotwendigen Gasaustausch mit der umgebenden Atmosphäre. Manche Gehölze gestalten diese Korkgebilde als Warzen aus, beispielsweise das verwandte Warzen-Pfaffenhütchen.

Im Frühling entwickelt sich aus den kleinen braungeschuppten Knospen unspektakuläres Laub mit ovalen, kaum erkennbar gesägten, dunkelgrünen Blättern und im Mai setzt das Pfaffenhütchen seine ebenfalls kaum auffallenden, grün-weißlichen, 5-blättrigen Blütenrispen an. Dass die Blüten leicht muffeln, hat durchaus seinen Sinn – der betörende Geruch lockt Fliegen und andere Insekten an und animiert zur Bestäubung. Hier heiligt also der Zweck die Mittel! Das in wärmeren Gefilden wie am Neusiedler See heimische Warzen-Pfaffenhütchen geht hier noch einen Schritt weiter: Dessen unansehnlich braun gesprenkelten Blütchen stinken schlichtweg!

Vom Mauerblümchen zur Prinzessin

Erst im Herbst, ab Mitte September, beginnt der große Auftritt des bisher Unscheinbaren. Anfangs sind die 4-kammrigen Fruchtkapseln noch grünlich, aber ihre Form erinnert schon jetzt an die charakteristische Kopfbedeckung, die früher die Häupter katholischer Geistlicher zierte und dem »Pfaffenhütchen« seinen Namen gab. (Solch ein »Birett« trug beispielsweise Don Camillo im gleichnamigen Film, allerdings war es hier schwarz). Nach und nach wechselt das Allerweltsgrün der Früchtchen in ein leuchtendes Karminrosarot. Reifen dann in den Fruchtkapseln die Samen, sprengen sie die rosarote Kapselwand und hängen an dünnen, kurzen Silberfädchen in einem leuchtenden Orange heraus. Diese karminrot-orange Farbkombination wirkt fast irreal. Pfaffenhütchenzweige sind jetzt eine wahre Zier im Herbststrauß. Doch dafür sind sie ursprünglich sicherlich nicht gedacht! Mit diesem Farbenspiel sollen vielmehr Gäste angelockt werden.

Vom Verzehr ist dringend abzuraten!

Aber – diese orangefarbigen, ovalkugeligen und allenfalls erbsengroßen Samen sind giftig, wie in allen Bestimmungsbüchern und Giftpflanzenalmanachen nachzulesen ist. Und auch wenn sie nicht tödlich giftig sind, so sind sie doch eine Gefahr für Kinder, die sich durch die »niedliche« Form und ihre attraktive Farbe nur allzu leicht eingeladen fühlen, mit den Kapseln zu spielen oder sie gar wie Liebesperlen zu verspeisen. In den Berichten der Giftnotrufe werden Fälle beschrieben, dass Kinder bereits nach dem Verzehr von zwei Samen deutliche Vergiftungssymptome zeigten: Erbrechen und Durchfall, in höherer Dosis Kreislaufkollaps und Krämpfe. Die Giftwirkung tritt, und das ist das Besondere beim Pfaffenhütchen, erst sehr spät ein, meist erst nach zehn bis vierzehn Stunden. Wir hätten es hier also mit einer der klassischen »Giftpflanzen« zu tun, die heute sehr schnell in die »böse Reihe« der Schädlinge gestellt wird, vor denen wir uns und unsere Kinder schützen müssen.

Mit dieser Einstellung berauben wir uns jedoch eines großen Schatzes, denn das deutsche Wort »Gift« leitet sich vom englischen »gift« ab, was bekanntlich »Geschenk« heißt. Von unseren Vorfahren wurde diese Doppeldeutigkeit durchaus geschätzt und sie machten sich den Giftcocktail des Pfaffenhütchens zunutze, der vor allem bei Insekten und niederen Tieren tödliche Wirkung entfaltet. So wurden die getrockneten Samen pulverisiert und erfolgreich gegen Haarläuse und Krätze eingesetzt. Wenn das kein Geschenk der Natur ist!

Eine Magen-Darm-Kur für Vögel

Nur, so fragt man sich, wozu leistet sich das Pfaffenhütchen jeden Herbst solch einen farbenprächtigen Aufwand? Beobachtet man einen herbstlichen Pfaffenhütchenstrauch eine Weile, klärt sich die Frage schnell auf: Vögel, vor allem Rotkehlchen, aber auch Dompfaffe, verzehren die Samen mit Begeisterung. Wahrscheinlich verfügen die Vögel über einen besonderen Entgiftungsstoffwechsel, der die Samen verträglicher macht. Das alleine würde die Vorliebe der Vögel für die Samen jedoch nicht erklären. Vermutlich machen sich die Vögel auch deren Insekten und Würmer tötende Wirkung zunutze. Bei intuitiv richtiger Dosierung führen Rotkehlchen und Co. eine herbstliche Magen-Darm-Wurmkur durch, um fit und wurmfrei in die Winterzeit zu

Pfaffenhütchen *(Euonymus europaeus)*

Wissenswertes__Die prachtvollen Samenkapseln des Pfaffenhütchens entfalten sich im Herbst und zieren Waldränder, Hecken und Gebüsche. Außerhalb dieser Zeit ist das Pfaffenhütchen recht unscheinbar, weshalb seine weite Verbreitung und Häufigkeit selten registriert wird.

Bemerkenswertes__Die Früchte sind für uns giftig, von Vögeln werden sie allerdings gerne gegessen. Das Pfaffenhütchen verdankt seinen Namen der Kopfbedeckung katholischer Geistlicher.

starten. Die Samen werden dazu verdaut und in kilometerweiter Entfernung, noch mit etwas düngendem Vogelkot, ausgeschieden – was ja wohl die eigentliche »Absicht« des Pfaffenhütchens war. Welch ein geniales Zusammenspiel hat die Evolution hier im Verlauf der Jahrmillionen hervorgebracht!

Deshalb sollten wir mit der Verurteilung einer Pflanze als »giftig« angemessener umgehen. Die von uns sogenannten Giftpflanzen bilden hochwirksame, mächtige und kraftvolle Substanzen aus und fordern uns auf, genauer hinzusehen und zu forschen, um letztlich bewusst und mit großem Nutzen für uns und unsere Mitgeschöpfe damit umzugehen. Vergleicht man die heute in großer Zahl veröffentlichten »Heilkräuterbücher« mit den kaum mehr vorhandenen »Giftalmanachen«, wird man feststellen, dass es eine mehr als fünfzigprozentige Überschneidung gibt. Das heißt, dass so gut wie jede Pflanze zum Heilen, aber auch zum Schaden eingesetzt werden kann. Es liegt an unserem Wollen, unserem Wissen und nicht zuletzt an unserer »Heilkunst«, sie entsprechend einzusetzen.

Dornröschens Spindelstrauch

Das Holz des Pfaffenhütchens ist fein und gut zu bearbeiten. Es eignete sich besonders gut zur Herstellung von Garnspindeln, die zum Spinnen gebraucht wurden. Deshalb ist ein weiterer, mehr und mehr in Vergessenheit geratener Name des Pfaffenhütchens »Spindelstrauch«. Vielleicht war ja die besagte Spindel der 13. Fee aus dem Holz des Pfaffenhütchens geschnitzt, die mit ihrem Stich Dornröschen mitsamt dem gesamten Hofstaat in den hundertjährigen Schlaf versetzte. Auch für uns wird es nun Zeit, aus diesem traumatischen »Giftschlaf« aufzuwachen und die Giftpflanzen als das zu erkennen, was sie sind: ein Geschenk der Natur!

Eva Schneider

Der Rotfuchs – ein liebevoller Geselle mit schlechtem Ruf

Manchmal erinnern moderne Biologen ein wenig an die Zeichendeuter der Antike: Wenn die Weisen ihr Wissen mehren wollten, spähten sie in die Eingeweide von Opfertieren. Wenn Biologen mehr über das Leben von Tieren wissen wollen, gucken sie – zum Beispiel – durchs Mikroskop auf einen Klacks Kot. Weil der britische Biologe David Macdonald über 10.000 getrocknete Fuchshäufchen unter die Lupe nahm, konnte er beweisen, dass Füchse zu Unrecht einen so abgrundtief schlechten Ruf haben. Weder vergreifen sie sich in nennenswertem Ausmaß an Haushühnern noch »stehlen« sie gewohnheitsrechtlich Gänse, wie es ein bekanntes Kinderlied behauptet. Klar, kein Fuchs wird ein naives Huhn verschmähen, das ihm zur Unzeit über den Weg läuft, aber den Magen füllt er sich mit anderem. Füchse fressen ganz einfach das, was sie reichlich und möglichst risikolos bekommen können. In Heidegebieten sind das Kaninchen, in der Hauptsache fangen sie Mäuse, aber auf ihrer Futterliste stehen auch so unerwartete Magenfüller wie Beeren, Obst und Regenwürmer! Der Fuchsspezialist Macdonald beobachtete Füchse, die in einer einzigen regen(wurm)reichen Nacht über 150 Regenwürmer fingen. Er sah sogar, wie eine Füchsin ihre Jungen regelrecht in die Regenwurmjagd einführte.

In der Kinderpflege vorbildlich

Doch auch sonst bekommen Jungfüchse jede Menge Zuwendung – und durchaus nicht nur von der Mutter. In fuchsreichen Gebieten, wo die Tiere in Familiengruppen leben, reißt sich die gesamte Verwandtschaft darum, die Kleinen nach Strich und Faden zu verwöhnen. Füchse sind nämlich keineswegs so ungesellig, wie man lange Zeit glaubte. Sie gehen lediglich allein auf Futtersuche. Am Bau aber und in ihrer »Freizeit« beschäftigen sie sich viel und gerne miteinander – am liebsten aber mit den Welpen. Die Kleinen werden bespielt, geleckt, herumgetragen, mit Futter versorgt. Auch der Rüde füttert sie und spielt mit ihnen, vorausgesetzt, die Kindsmutter genehmigt ihm Zugang zu ihren Sprößlingen. Diese geballte Fürsorge kann für die Kleinen lebensrettend sein: Falls die Mutterfüchsin verunglückt oder einem Jäger vor die Flinte laufen sollte, haben die Fuchswelpen dennoch ganz gute Überlebenschancen – vorausgesetzt, sie sind schon groß genug, um ohne Muttermilch über die Runden zu kommen.

Die vorbildliche Kinderpflege der Füchse und ihre Bereitschaft, notfalls als Adoptiveltern einzuspringen, ist einer der Gründe, warum Füchse trotz jahrhundertelanger Verfolgung nie selten geworden sind. Ein anderer Grund ist ihre interne Art der Familienplanung: Wo die Roten stark verfolgt und entsprechend dezimiert werden, sind ihre Würfe auffallend groß. In Kanada zum Beispiel, wo Fallensteller ihrem Handwerk nachgehen, können Füchsinnen bis zu 14 (!) Junge werfen! In Gebieten dagegen, wo sie einander fast auf die Pfoten treten, bleiben die Würfe klein. In solchen mit Füchsen übervölkerten Gegenden pflanzen sich außerdem längst nicht alle fruchtbaren Weibchen fort. Lediglich die Chefinnen haben Welpen, junge Weibchen dagegen kommen selten zum Zug, bleiben kinderlos – und engagieren sich stattdessen als Kindermädchen ihrer jüngeren Geschwister.

Schlau wie ein Fuchs

Das passt alles nicht so recht zum Image vom heimtückischen, mordlustigen Bösewicht, wie wir ihn als Kinder in dem Kinderbuchklassiker »Die Häschenschule« präsentiert bekommen haben. Ist denn wenigstens an einem anderen Mythos etwas dran – dem Mythos vom »schlauen Fuchs«? Offenbar ja. Lange sagte man Füchsen nach, dass sie sich tot stellen, bis sich Krähen an den »Kadaver« heranmachen. In diesem Moment erwacht der vermeintliche Tote urplötzlich zum Leben und stürzt sich auf die überrumpelten Vögel. Biologen konnten über solche Stories lange nur grinsen – bis es in den 1960er-Jahren einem russischen Tierfotografen gelang, den Trick des scheinbar toten Fuchses in Bildern zu dokumentieren.

Ein anderes Beispiel vom »schlauen Fuchs« erlebte der Biologe Felix Labhardt. Als er zu Forschungszwecken Füchse mit Kastenfallen fangen wollte, zeigte sich, dass er seine Gegner gründlich unterschätzt hatte: Die Füchse hatten im Nu den Trick heraus, wie sie den Köder erbeuten konnten, ohne dass die Falle zuschnappte. Labhardt schreibt: »Ohne Zweifel hat der Fuchs an der Falle menschliche Duftspuren wahrgenommen und war sich einer Gefahr bewusst. Und es scheint so, als ob er Einsicht in die Funktionsweise der Falle hatte, wahrscheinlich ohne eine solche je in Betrieb erlebt zu haben …«

Reineke Fuchs mag's gern urban

Füchse haben eine verblüffende Gabe, Situationen einzuschätzen und zu ihrem Vorteil zu nutzen. Obwohl ihr größter Feind der Mensch ist und folglich Menschengeruch für sie gleichbedeutend mit Gefahr sein muss, sind sie sogar dorthin vorgedrungen, wo sie nicht nur menschliche Duftspuren,

Rotfuchs *(Vulpes vulpes)*

Wissenswertes__In Sachen Lebensraum ist der Fuchs flexibel und er ist ganzjährig in Wäldern, Äckern und Wiesen anzutreffen. Füchse sind bei uns nicht gefährdet; ihrer heimlichen und nächtlichen Lebensweise wegen aber trotzdem nur selten anzutreffen.

Bemerkenswertes__Zunehmend entdeckt Reineke Fuchs die Vorzüge des Stadtlebens. Schätzungen zufolge leben allein in München 3.000 Tiere.

sondern wahre Duftduschen aushalten müssen: in Gartensiedlungen, Vorstädte, ja sogar bis in die Innenstädte von Paris, Basel, Kopenhagen, Amsterdam, Berlin, München und vielen anderen Ballungsgebieten. Allein im Münchner Stadtgebiet leben schätzungsweise 3.000 Füchse!

Die meisten Menschen freuen sich, wenn sie Füchse als Nachbarn haben und haben nichts dagegen, wenn sie Katzennäpfe leerfressen, Vogelfutterhäuschen plündern oder sich Essensreste vom Komposthaufen organisieren. Manche Leute füttern sie sogar – doch das ist nicht ungefährlich, denn viele Füchse sind Träger des Fuchsbandwurms, der beim Menschen lebensgefährliche Erkrankungen auslösen kann. Was also tun? Ins alte Denkschema von »Feind Fuchs« zurückfallen und die Füchse abschießen? Wissenschaftler der Universität Zürich haben eine andere Lösung gefunden: In einer groß angelegten Versuchsreihe haben sie Züricher Stadtfüchse entwurmt – und sehr ermutigende Resultate bekommen: Nach neunzehn Monaten war der Wurmbefall der Stadtfüchse mindestens um den Faktor 8, stellenweise sogar um den Faktor 37 zurückgegangen. Entwurmte Füchse aber sind keine Gefahr mehr – allenfalls für das eine oder andere Meerschweinchen oder Zwergkaninchen, das in einem baufälligen Stall untergebracht ist. Dennoch: »Füchse sind keine putzigen Haustiere,« betont Andreas König, Wildbiologe an der TU Weihenstephan und Spezialist für Stadtfüchse. »Wir sollten respektieren, dass wir es mit Wildtieren zu tun haben – auch dann, wenn sie im Stadtpark nebenan wohnen!«

Veronika Straaß

Naturerlebnis Großstadt – Warum Tiere in die Metropolen ziehen

Kleine Federn schweben taumelnd zu Boden. Sie hatten sich aus dem Gefieder der Taube gelöst, als der Wanderfalke sie wie ein Blitz aus heiterem Himmel schlug. Mit ihrem vollen Kropf war sie nicht schnell genug für den Falken. Sichtlich angestrengt von der Schwere der Beute strebt dieser zu einer Stelle, an der er die Taube rupfen und verzehren kann. Von diesem Geschehen in der Luft ganz unbeeindruckt werfen lachsrosafarbene, gut entengroße Schwimmvögel ihre glänzend grünen Köpfe hoch, dass der schmale rote Schnabel aufleuchtet. Mehrere Männchen von Gänsesägern sind es, die auf dem Wasser in einer Gruppe balzen. Das mit bräunlichem Kopf und grauerem Gefieder weniger auffallende Weibchen kümmert sich scheinbar nicht um den Eifer der Erpel. Plötzlich startet die ganze Gruppe und fliegt mit schnellen Flügelschlägen davon. Den Waldkauz, der im Eingang zu seiner Höhle sitzt und sichtlich die Frühlingssonne genießt, interessieren die Wasservögel nicht. Nur gelegentlich dreht er einmal seinen Kopf und schaut den Menschen nach, die unter ihm wie in einer unordentlichen Prozession ihren Spaziergang auf dem Uferweg machen. Verschiedenste Vögel singen im Hintergrund. Ein Zitronenfalter tänzelt vorüber. Ein Tagpfauenauge hat es anscheinend eiliger. Überall unter den Bäumen blühen Blumen. Der Frühling ist in den Stadtpark eingezogen. Am Seeufer schnattern Gänse. Zwei Paare zanken sich um einen begehrten Brutplatz. Daneben »lacht« ein Grünspecht, so hört sich sein Rufen für uns Menschen an.

Waldkauz, Schwan & Co.

In kurzer Zeit lässt sich ein höchst vielfältiges Tierleben beobachten. Die blühenden Blumen mögen wie gepflanzt wirken, aber sie wachsen »wild«. Stadtparknatur, Stadtnatur! Sie ist so reich, dass man vergessen könnte, mitten in der Menschenwelt zu sein. Immer mehr Bewunderer findet sie, die Natur in der Stadt. Der Waldkauz hat seine Fangemeinde, die regelmäßig nachschaut, ob er »zu Hause« ist. Zeigt er sich nicht, breitet sich Enttäuschung auf den Gesichtern aus. Man möchte ihn, den »Philosophen«, der träumerisch in die Ferne schaut, doch allzu gern auch den Freunden oder Gästen vorführen, die von auswärts gekommen sind und womöglich nicht glauben wollen, was es für ein wunderbares Tierleben in der Großstadt gibt.

Da schwimmen auf dem Teich Enten mit fuchsgelbem Kopf und lackrotem Schnabel. Die Kenner wissen, dass es sich um die raren Kolbenenten handelt. Nein, sie sind nicht aus dem Zoo entflogen, sondern sie leben hier in der Stadt. Unbehelligt von den Gefahren, die ihnen draußen drohen, brüten sie und ziehen ihre Jungen groß. Wunderschön sind sie. Mit den noch bunteren und exotisch-bizarren Mandarinenten können sie an Eleganz sicherlich konkurrieren. Diese waren wirklich der Ziergeflügelhaltung entflogen, wie einst auch die großen weißen Schwäne, die Höckerschwäne. Jahrhundertelang blieben die Schwäne als noble Zierde den Parkgewässern von Fürsten und Königen vorbehalten. Als deren Macht schwand, nahmen sich die Schwäne auch ihre Freiheit. Sie siedelten sich überall in den Städten an. Von dort aus eroberten sie nach und nach die Seen, Stauseen und die Ufer der größeren Flüsse. Längst halten wir sie für »einheimisch«, obwohl die Heimat ihrer wild lebenden Vorfahren die pflanzenreichen Seen Ostpreußens, des Baltikums und Südfinnlands gewesen waren. In der Natur vom Aussterben bedroht, eröffneten ihnen die Städte eine neue Zukunft. Hier kommen sie mit den Menschen bestens zurecht. Sie lassen sich füttern, halten aber Abstand, vor allem, wenn sie ihre Flottille von Jungen führen. Dann tun sie mitunter ganz wild.

Im Schutze des Menschen

Ihr Beispiel gibt einen ersten wichtigen Hinweis darauf, was die Städte für Wildtiere so attraktiv macht, dass immer mehr Arten in diesen neuen Lebensraum ziehen. Hier sind sie geschützt. Die Menschen sind keine Feinde. Sie werden nicht verjagt, verfolgt oder getötet. Ganz im Gegenteil: Die Menschen geben Futter; zumindest in Notzeiten und oft auch, wenn Vögel, wie die Schwäne, Gänse und Enten, ihre Jungen führen. Die Kinderschar rührt die Herzen. Andere, wie die Gänsesäger, profitieren von dieser Zuwendung der Menschen, auch wenn sie selbst kein artgemäßes Futter erhalten. Sie leben von Fischen. Diese neidet man ihnen - anders als auf den Gewässern draußen - in der Stadt nicht. Sogar der gewaltige Seeadler versucht sich diesen Vorteil der Stadt, nicht mit Vorurteilen belastet zu sein, zunutze zu machen. Im Stadtgebiet von Berlin, am Tegeler See, hat er bereits die ersten Brutversuche unternommen.

Was den Vögeln zugutekommt, merken selbstverständlich auch manche Säugetiere. In der Stadt ist es wichtig, auf den Straßenverkehr zu achten. Das haben die Füchse gelernt. Von den Autos werden sie zwar nicht gejagt, aber überfahren, wenn sich die Füchse nicht an die Verkehrsregeln halten. Diese nehmen sie mit feinen Sinnen direkt aus dem Geschehen auf der Straße wahr. Dem Farbwechsel der Ampeln brauchen sie nicht trauen. Auch so kommen die Füchse meistens gefahrlos über die Straßen von Berlin oder München. In manchen Stadtvierteln sind sie längst ein wohl vertrauter Anblick. Füchse können sich auf Terrassen sonnen, dürfen ihren Bau in größeren Gärten ungestraft anlegen und erhalten nicht selten ein besseres

Essen von den Menschen als das, was sie sich selbst in Form von Mäusen, Regenwürmern oder Abfall zusammensuchen könnten. Regenwürmer gibt es aber gerade in den Stadtparks besonders reichlich, weil dort die Freiflächen nicht zu Hochleistungswiesen umfunktioniert worden sind. Amseln und Drosseln schaffen das reichliche Wurmangebot gar nicht alleine. Da helfen nachts die Igel und mitunter sogar Dachse kräftig mit.

Es hat sich in Menschenkreisen auch herumgesprochen, dass es zwei ganz unterschiedliche Sorten von »Automardern« gibt. Solche, die eine Straftat begehen, und andere, die echten Marder, die nicht strafmündig sind, weil es offenbar – und leider – zu ihrer Mardernatur gehört, an Kabeln und Schläuchen im Motorraum von Autos herumzubeißen. Grund haben sie aus ihrer Sicht meistens, weil die von ihnen zeitweise bezogenen, warmen Motorräume der Autos nicht an Ort und Stelle bleiben, sondern andernorts abgestellt werden, wo ein anderer Marder meint, diese nun als Teil seines rechtmäßigen Reviers betrachten zu können. Den Anspruch setzt er mit einem Häufchen Exkrement im Motorraum ab, das recht dauerhaft stinkt. Zurück am früheren Ort, stellt dies der andere Marder fest und beißt wütend in die Schläuche oder Kabel, die nach dem Frechling riechen. So etwa läuft die Vorgeschichte vieler Marderschäden ab.

Die Igel im Garten daneben kümmert das alles nicht. Sie tragen ein mardersicheres Stachelkleid. Auch die Katzen machen einen Bogen um sie herum, wenn sie bei ihren städtisch-nächtlichen Streifzügen auf Igel treffen. Hunde verbellen die Stacheltiere, was meistens auch nichts hilft, außer dass sich die Nachbarschaft nun gestört fühlt, weil das Hundegebell viel lauter als das Grunzen und Stöhnen des Igels ist. Umfangreiche Untersuchungen haben ergeben, dass es auf gleiche Flächengrößen bezogen in den Stadtgärten etwa zehnmal mehr Igel als draußen im Freiland gibt. Bei den Mardern dürfte es auch ein Mehrfaches sein, aber die lassen sich nicht so leicht zählen wie Igel. Mäuse und Ratten gibt es zwar nicht mehr in solchen Massen wie in früheren Zeiten, als die Städte voller Hausmüll waren, aber immer noch genug für Eulen und Füchse, Marder und Falken.

Berlin, die Hauptstadt der Nachtigallen

Die größte Vielfalt und auch eine außerordentliche Häufigkeit erreicht das Tierleben aber mit der Vogelwelt der Städte. Hier gilt: Je größer die Stadt, desto mehr Vögel insgesamt und desto mehr Arten von Vögeln kommen darin vor. Millionenstädte wie Berlin, Hamburg, München und Köln sind das nicht nur für Menschen, sondern auch für die Vögel. Auf jeden Stadtbewohner kommen ein bis zwei Vögel, aber keineswegs nur Amseln und Spatzen oder Stadttauben, sondern auch seltenere Arten.

So darf Berlin mit Fug und Recht »Hauptstadt der Nachtigallen« genannt werden, singen doch über tausend im Mai und Juni im Stadtgebiet. Die Vogelwelt Hamburgs ist so reichhaltig, dass sie die meisten deutschen Naturschutzgebiete übertrifft. Und aus Stadtparks und Stadtfriedhöfen stammen die höchsten Werte für die sogenannte Siedlungsdichte der Vögel. Gemeint sind Brutpaare pro Quadratkilometer, alle Arten zusammengenommen. Köln oder Berlin schlagen damit glatt die artenreichsten tropischen Regenwälder.

Das platte Land – überdüngt und flurbereinigt

Nun kann das aber nicht mehr, wie bei Gänsen und Füchsen, allein daran liegen, dass die Vögel in der Stadt nicht bejagt werden. Denn die meisten Vogelarten, vor allem so gut wie alle Singvögel, stehen auch draußen in Wald und Flur unter Schutz. Theoretisch! Denn in der rauen Wirklichkeit liegt der Unterschied. Die Vogelwelt der Städte zeigt ihn.

Sie ist so reichhaltig (geworden), weil das Land viel von den früheren Strukturen wie Hecken, Feldgehölze, Gräben, Tümpel und Feuchtstellen oder Trockenrasen verloren hat. Es sollte landwirtschaftlich so produktiv wie möglich werden. Die Flurbereinigungen früherer Jahrzehnte räumten das Land weithin aus, während gleichzeitig in den Städten die Strukturvielfalt zunahm. Artenreichtum hängt aber eng mit Strukturvielfalt zusammen.

Noch stärker wirkte sich eine andere, schleichende und kaum bemerkte Entwicklung aus. Das Land wurde nach und nach mit Pflanzennährstoffen überdüngt. Überdüngt deshalb, weil seit den 1980er-Jahren den Fluren über die Ernte deutlich weniger an Nährstoffen entnommen wird, als durch die Düngung in die Böden hineinkommt. Hauptquellen des Überschusses sind die Gülle, die auf dem Land mehrmals im Jahr gleichzeitig in großen Mengen ausgebracht wird, wobei das meistens nicht die Zeiten sind, in denen die Pflanzen am stärksten wachsen, sowie die sogenannte Düngung aus der Luft. Sie entsteht, weil moderne Heizungen und die Motoren schnell fahrender Autos bei hohen Temperaturen Luftstickstoff mit verbrennen. Als Düngung aus der Luft gehen diese Stickstoffverbindungen das ganze Jahr über nieder. Inzwischen entspricht ihre Menge einer früheren »Vollwertdüngung«. Ergebnis ist, dass die Pflanzendecke draußen in Feld und Flur immer schneller immer dichter aufwächst. Dadurch wird es im bodennahen Bereich kälter und feuchter. Die empfindlicheren, auf Wärme und magere Bodenverhältnisse eingestellten Pflanzenarten, die wir als bunte Wiesen- oder Ackerblumen kennen, verschwinden. Mit ihnen nehmen Vielfalt und Häufigkeit der Insekten ab. Die frühere Fülle über den Wiesen gaukelnder Schmetterlinge ist längst weithin Vergangenheit. Folglich finden auch die Vögel immer weniger Insektennahrung. Fast alle Tiere der Fluren werden seltener.

Die Stadt bietet Nischen zuhauf

Ganz anders dagegen in der Stadt. Hier wird, wenn überhaupt, höchstens ganz lokal in Kleingärten gedüngt. Viele Flächen bleiben mager. Sie wachsen nicht gleich zu. Offene, trockene und sonnige Stellen sind aber von vielen Tier- und Pflanzenarten sehr begehrt. Die Stadt bietet solche in kleinen und größeren Mosaiken. Auf engstem Raum grenzen sonnig-warme und kühl-schattige Stellen aneinander. Magerer Boden erhält die Artenvielfalt der Pflanzen. In Berlin und Nürnberg, wo dies näher untersucht worden ist, wachsen rund doppelt so viele Pflanzenarten »wild« im Stadtgebiet wie auf gleich großen Flächen des unmittelbaren Umlandes.

Kein Wunder, dass auch die Insektenwelt ganz ähnlich reagiert. Die Fülle nachts fliegender Schmetterlinge, die man nur mit bestimmten Forschungsmethoden, wie den Lebendfang mit UV-Licht, zu sehen bekommt, ist beeindruckend hoch. Das haben die Fledermäuse längst entdeckt. Dank alter, stellenweise hohler Bäume und Unterschlupfmöglichkeiten in Gebäuden, gibt es sie in größerer Zahl und mit viel mehr Arten in der Stadt als auf dem offenen Land. Nur wenige, besondere Stellen bieten draußen ähnlich gute Lebensbedingungen für die Fledermäuse wie die großen Städte.

Damit haben wir die drei wichtigsten Gründe, die den erstaunlichen Artenreichtum in den Städten bedingen: Reichtum an Strukturen, an denen das Land immer mehr verarmt, wenig oder keine Düngung, die das Land flächendeckend belastet, und nahezu keine Verfolgung durch die Menschen. Lernfähige Tiere entdecken die Sicherheit der Städte. Sie kommen, wie das seit einiger Zeit sogar die Wildschweine tun, um den Nachstellungen im Burgfrieden der Stadt zu entgehen. Der Burgfrieden der Stadt – wir sollten ihn beachten, erhalten und, wo es geht, fördern. Die Städte haben noch viel Naturpotenzial, wenn es in den Planungen berücksichtigt wird!

Josef H. Reichholf

Die Schlehe – Odins dornenbewehrte Begleiterin

Noch vor einigen Hundert Jahren und vor allem im ländlichen Bereich war dieses strauchbildende Gehölz eher unter dem Namen »Schwarzdorn« bekannt. Damit steht er automatisch dem Weißdorn gegenüber. Obwohl beide Rosengewächse sind, könnten die Bilder, die sie in der Volksseele hinterlassen haben, nicht unterschiedlicher sein: Der Weißdorn, auch heute noch als herzstärkendes Heilmittel eingesetzt, galt als Baum der inneren Reinigung mit edler Gesinnung. Er war der Wanderstab des Josef von Arimathäa, mit dem er der Sage nach den heiligen Gral in das englische Glastenbury gebracht hat. Noch heute wächst genau an der Stelle ein Weißdorn, an der Josef den Stab damals in die Erde steckte.

Ganz anders der Schwarzdorn: Er war Symbol der Schwarzen Magie. Der dunkle Göttervater Odin, auf dessen Schultern die Raben Hugin und Munin saßen, begleitet von den gefürchteten Wehrwölfen Geri und Freki, hatte einen Wanderstab aus Schwarzdorn. Man glaubte, dass eine Schwarzdornhecke die Grenze zur Zauberwelt sei. Die wirklich beeindruckenden Stacheln des Schwarzdorns hinterlassen auf der Haut schlecht heilende Wunden. Sie sollen von Kräuterkundigen in Gift getaucht als sogenannte Schlummernadeln verwendet worden sein, um unliebsame Menschen ins Reich des Schlafes oder des Todes zu befördern.

Zarte Blüten, edler Brand

Dabei zeigt uns der Schwarzdorn im Frühling eine ganz andere Seite, wenn er, noch lange bevor andere Gehölze grüne Blätter treiben, mit seinen bezaubernd zarten Blüten eine zuckersüße Frühlingsahnung über die Landschaft legt. Und mit Glück werden im Herbst daraus zwar zugegebenermaßen herbe Früchtchen, aber mit entsprechenden Ingredienzien im edlen Brand braut so mancher daraus den beliebten Schlehenlikör. Dann ist die durchaus beeindruckende Dornennatur vergessen. Es waren wahrscheinlich die Perser, welche die nicht zu verachtende Qualität der herben Früchte erkannt und Schlehen mit Kirschpflaumen gekreuzt haben. So entstand die Zwetschge – eine wunderbare Bereicherung des europäischen Obstgartens.

Schlehe *(Prunus spinosa)*

Wissenswertes__Die Schlehe bildet im Frühjahr vor dem Blattaustrieb einen lieblichen weißen Blütenflor aus. Sie wächst am Waldrand und ist ein typischer Vertreter der Hecken. Bis zur Flurbereinigung waren Schlehenhecken prägende Elemente der Kulturlandschaft; heute ist sie seltener geworden, jedoch nicht bedroht.
Bemerkenswertes__Eine Kreuzung mit der Kirschpflaume brachte die Zwetschge hervor; aus den Schlehenfrüchten wird ein beliebter Likör gebrannt.

Dabei gibt es durchaus auch Nutznießer dieser Dornennatur: Welcher Marder wagt sich schon freiwillig in die Schlehenhecke, um ein Goldammernnest zu plündern? Solche Hecken sind für Kleinvögel der ideale Schutz gegen die gierigen Fänge des Sperbers.

Zusammen mit der ebenfalls ziemlich stacheligen Berberitze ist die Schlehe ein grimmiger Verteidiger der Waldsäume. Gemeinsam mit Holunder, Vogelbeere und Pfaffenhütchen bilden sie sozusagen die Vorhut des Waldes, schützen ihn mit ihrem gestuften Wuchs vor allem vor Windwurf, übermäßigem Wildverbiss sowie starken Temperaturschwankungen und somit vor Insektenkalamitäten. Ein gesunder Wald ist ohne intakte Waldsäume nicht denkbar. Vor allem die Schlehe und die Berberitze schicken ihre Wurzel voran in die vorgelagerten Wiesen und erobern mit neuen Wurzelaustrieben unermüdlich neues Terrain für den Wald. Diese kecke Ausbreitungswut hat schon manchen Landwirt, aber auch Landschaftspfleger zur Weißglut getrieben – denn ohne ständige Pflegemaßnahmen ginge so mancher Getreideacker am Waldrand, aber auch so manch wertvoller Halbtrockenrasen binnen weniger Jahre im Stachelgewirr von Schlehe und Berberitze unter. Auf die Hilfe von verbeißendem Wild ist hier nicht zu rechnen – dem sind die Dornen und Stacheln auch zuwider.

Die frühe Blütenpracht im Frühling, die dornige Natur und auch die Früchte im Herbst machen sich viele Tiere zunutze. So legt der Nierenfleck, ein inzwischen selten zu entdeckender Schmetterling, seine napfförmigen, etwa einen Millimeter großen Eier im Herbst in die schützenden Dornenachseln. Vögel wie der Neuntöter oder auch der Raubwürger nützen die Dornen als makabre Vorratskammer, indem sie ihre Beute dort aufspießen. In Schlehen bauen Ammern und Grasmücken ihre Nester, die dort sogar in Bodennähe immer noch gut geschützt sind. Entspannte Nachtigallengesänge hallen aus diesen Hecken, Hasen und Rebhühner können getrost verweilen oder sich von Verfolgungsjagden erholen.

Auch wenn die Menschen den Schwarzdorn gerne auf die dunkle Seite der Magie stellten und eine Schlehenhecke nur mit völlig zerrissenem Gewand und üblen Kratzern zu durchqueren ist, ist die Schlehe ein nicht wegzudenkendes Landschaftselement, das es verdient, geachtet und nicht sinnlos ausgeholzt zu werden. Der »Dschungelbuch«-Autor Rudyard Kipling (1865 bis 1936) besang die Schlehe daher wie folgt:

Von allen Bäumen, die so hübsch
wachsen und das Land verzieren,
sind keine größer unter der Sonne
als Eiche, Esche und Schlehe.

Eva Schneider

Der Schwarze Holunder – Frau Holles Wunderstrauch

So gut wie jeder kennt ihn – den Holunder. Das ist erstaunlich. Denn weder wartet er mit einem besonders opulenten Blütenflor auf, wie beispielsweise der Schneeball oder der Flieder, noch bringt er im Herbst besonders wohlschmeckende Früchte hervor. Im Gegenteil: Roh verzehrt bewirken sie bei empfindlichen Menschen binnen weniger Minuten spontane Brechdurchfälle. Erst gekocht oder vergoren werden die schwarzen Beeren schmackhaft. So gesehen gäbe es weit bessere Aspiranten für einen »Jedermannsstrauch«. Trotzdem! Es ist nun mal der Hollerbusch, den wir alle so lieben. Vielleicht, weil er sich auf eine besondere Weise in den Rhythmus der Menschen im Jahresverlauf einreiht.

Von Gaumenfreuden, Festen und Abenteuern

Im Frühling fordern uns die handtellergroßen Blütendolden im zunehmenden Maß wieder auf, mit Pfannkuchenteig Hollerkücherl zu backen, was immer einer Art »Fest« gleicht. Die getrockneten Blüten ergeben ganzjährig einen spritzigen Tee. Die schwarz glänzenden Beeren im Herbst regen viele Kochkünstler zu interessanten Marmelade- und Geleekombinationen an, ergeben Säfte und andere Köstlichkeiten. Die einfach aufgekochten Beeren – im bayerischen Volksmund »Hollerdauch« genannt – über Quark oder Joghurt gegeben, ergeben nicht nur einen kulinarischen Genuss, sondern auch einen optischen – wir nannten diesen Nachtisch »errötendes Mädchen«. Über die Verwendung von Blüten und Beeren hinaus haben entsprechend zugerichtete Holzstückchen als Pfeifchen geraucht bei vielen Menschen zu abenteuerlichen Kindheitserinnerungen beigetragen.

Somit begleiten den Holunder immer Aspekte der Freude, von Festen und Abenteuern, aber auch des Heilens. Und als ein großer Heiler galt er bei den Menschen schon immer. Bei Schmerzen aller Art, insbesondere aber bei Zahnschmerzen, wurden vermutlich besonders zubereitete Rindenstückchen verwendet. Dieses Wissen ist heute weitgehend verloren gegangen. Nur noch für uns bizarr anmutende Rituale, wie ein in die Rinde eingebrachtes Zahnstück als Dank oder Bitte um Hilfe bei Zahnschmerzen, lassen davon ahnen. Uns mutet es eher als Magie an. Doch wir sollten mit solchen Urteilen zurückhaltend sein.

Ein anderer Baum meistert mit ähnlichen Eigenschaften mit Bravour jede schulmedizinisch vorgeschriebene Arzneimittelstudie und hat den Sprung auf Platz 1 der Arzneimittelliste geschafft: die Weide, der prägende Baum unserer Flussauen. In ihrer Rinde bildet sie Salicylsäure, das als »Aspirin« (so der Handelsname) heute das meist verwendete Schmerzmittel ist. Wahrscheinlich ist im Holunder, in der Rinde oder in einem anderen Bestandteil, ein ähnlicher Schatz begraben. Die Methoden der »modernen« gewinnorientierten Arzneimittelentwicklung gehorchen heutzutage jedoch Regeln, die solche Schätze unrentabel erscheinen lassen. Somit erscheinen uns die in alten Büchern überlieferten Rituale wie: »Zieh den Hut, wenn du an einem Holunder vorübergehst« oder: »Bitte den Holunder von Herzen um Verzeihung, wenn du ihn fällst« oder die nicht nur phonetische Nähe vom Hollerbusch und der Frau Holle wie Märchen und die seltsam anmutenden Anwendungsvorschriften als Alchemie. Aber wie gesagt: Vorsicht! Vermutlich verbirgt sich dahinter ein Schatz!

Ein häufiger Lückenschließer

Gemäß einer Liste der hundert häufigsten Pflanzenarten in Deutschland steht der Weißklee an erster Stelle; er kam in 99,9 Prozent der fast 3.000 Messquadrate vor, die über Deutschland gelegt wurden. Die erste gehölzbildende Pflanze, also der erste Baum beziehungsweise Strauch, war und ist der Holunder auf Platz 19. Erst wieder auf Platz 57 taucht ein weiterer Baum auf: die Esche. Somit ist der Holunder nicht nur bei den Menschen eines der bekanntesten Gehölze, sondern auch das häufigste im deutschen Pflanzenreich. Wenn in einem der vielen kranken und sturmgebeutelten Wirtschaftsfichtenwälder eine oder viele Fichten den Überlebenskampf verloren haben und Licht auf den oft versauerten und leblos erscheinenden Waldboden gelangt, wachsen erstaunlich oft tapfere Holunderbüsche auf. Man wird den Verdacht nicht los, dass diese Hollerbüsche versuchen, hier wieder etwas ins rechte Licht rücken zu wollen, als würden sie versuchen, auch den Wald zu heilen. Wäre diese Idee so abwegig?

Des einen Freud', des andren Leid

Bei all dem, über das hier bislang berichtet wurde, handelte es sich um den Schwarzen Holunder. Was nur wenige wissen ist, dass es daneben auch den Roten Holunder oder Hirschholunder sowie den Attich oder Zwergholunder gibt. Ersterer hat als Unterscheidungsmerkmal zum Schwarzen Holunder keine Doldenblüten, sondern eher Rispenblüten und im Herbst rote Beeren. Der Attich wird nie höher als eineinhalb Meter (mit eben-

Schwarzer Holunder *(Sambucus nigra)*

Wissenswertes__Der Schwarze Holunder ist die häufigste Strauchart Mitteleuropas. Er kommt in Wäldern, Feldgehölzen und Hecken vor. Ab Mai erscheinen die großen, weiß gefärbten Schirmrispen aus vielen Einzelblüten. Im August reifen die zunächst roten, später schwarzen »Beeren«.
Bemerkenswertes__Der »Holderbusch« war der Sitz der Göttin Holder oder Holla, die als Beschützerin der Pflanzen und Tiere galt. Im Märchen ist sie als Frau Holle bekannt.

falls schwarzen Beeren). Die Früchte dieser beiden bleiben auch nach dem Kochen für uns ungenießbar. Früher jedoch wurde Attich angebaut, um mit den Beeren Textilien hellblau zu färben. Für Pferde war und ist der Attich besonders giftig.

Aber vergessen wir nicht: Auch vom Verzehr des Schwarzen Holunder im Rohzustand ist abzuraten. Besonders Blätter, unreife Früchte und frische Rinde enthalten Sambunigrin, ein Blausäureglykosid. Zum Glück hat es sich als thermolabil erwiesen, das heißt, es zerfällt beim Erhitzen und verliert seine schädigende Wirkung.

Während der Verzehr von Blättern oder Beeren des Holunders für so manches Haustier zu gefährlichen Brechdurchfällen führt, scheint unsere heimische Tierwelt gegen sein Gift immun zu sein. Blattläuse lieben den Holunder geradezu. Nicht ohne Grund: Das Holundergift macht sie ungenießbar für ihre Erzfeinde, die Marienkäfer. Rosenkäfer scheinen im Frühling im Blütenstaub schier zu ertrinken – er ist ihre Leibspeise. Aber auch die Vogelwelt wählt den Holunder gern als Brutplatz: dichtes, schützendes Sommerlaub und Insekten zum Füttern der Jungen sozusagen immer direkt vor der Haustür. Das dichte Laub nach außen und im Inneren die lockeren Zweige sind für das Spatzenvolk der ideale Rückzugsplatz, um darin geborgen und in gutem Sichtkontakt miteinander zu plaudern und sich wohlzufühlen. Schon so manche gedankenlose Abholzung von Holundergebüsch führte zum sofortigen Umzug einer Spatzengesellschaft auf Nimmerwiedersehen.

Im Herbst herrscht im Holunder ein munteres Stelldichein von Zugvögeln, die mit Begeisterung das verlockende schwarz glänzende Beerenangebot wahrnehmen – um die Kerne nach der Verdauung in kilometerweiter Entfernung mit etwas Vogelkot als Dünger wieder auszuscheiden. Das Fruchtfleisch scheint sie zu stärken, leicht vergorene Früchte vielleicht sogar zu beschwingen? Hollerbeeren sind für Zugvögel sozusagen Powerriegel für die weite Reise.

So könnte der Holunder der bedeutenden Rolle als Vermittler zwischen dem Reich der Pflanzen, der Tiere und auch des Menschen schon immer gedient haben und immer noch dienen, vorausgesetzt, wir gewähren es ihm, holzen ihn nicht gedankenlos ab und freuen uns an seinen Frühlingsblüten, die er jedes Jahr tapfer, sogar zwischen grauen Hauswänden stehend, immer wieder hervorbringt.

Eva Schneider

Köstliches vom Holler – Holunderblütenküchle backen

Der Holunder ist ein vielseitiger Strauch. Er gilt als Heilmittel und findet zunehmend auch wieder in der Küche Verwendung. Sowohl die hellen Blüten als auch die blauschwarzen Beeren sind Grundlage für leckere Desserts und gesunde Getränke. Ein besonders schmackhafter Nachtisch sind Holunderblütenküchle.

Was man dazu braucht

Für 4 Personen benötigt man 250 g Mehl, eine Brise Salz, 1 bis 2 EL Zucker, 3 Eier, 250 ml Milch, etwas Mineralwasser und 12 Holunderblütendolden, jeweils mit Stiel. Zum Ausbraten der Dolden außerdem etwa 100 g Butterschmalz sowie Zucker & Zimt zum Servieren.

Und so wird's gemacht

- Für den Teig zunächst das Mehl in eine Schüssel geben. Salz, Zucker, Eigelb, Milch und Wasser hinzufügen und gut vermischen. Den Teig anschließend etwa 20 Minuten ruhen lassen. Das Eiweiß steif schlagen und unter den Teig heben.
- Nun die Holunderblütendolden unter kaltem Wasser abspülen und mit Haushaltspapier vorsichtig trocken tupfen.
- Das Butterschmalz in einer Pfanne erhitzen.
- Die Dolden in den Teig tauchen, etwas abtropfen lassen und mit den Stielen nach oben im heißen Schmalz goldbraun backen.

☞ Die herrlich duftenden Küchle mit einer Mischung aus Zucker und Zimt bestreuen und warm servieren. Guten Appetit!

Eine Vielzahl weiterer Rezepte bieten folgende Bücher:

Heide Hasskerl
Holunder, Dost und Gänseblümchen
Vegetarische Rezepte mit wilden Kräutern und Früchten
pala verlag, Darmstadt, 2008

Christine Pfützner
Holunderrezepte
Buchverlag für die Frau, Leipzig, 2006

Der Sperber – ein pfeilschneller Jäger mit scharfem Blick

Wer einmal einem Sperber ins Auge geschaut hat, weiß, wie es zu der zwar veralteten, aber spontan aufsteigenden Bezeichnung »Raubvogel« gekommen ist. Sein blitzgelbes und zur Höchstleistung ausgelegtes Auge, die kecken »Augenbrauen«, der hakennasige Schnabel zeugen von steter Aufmerksamkeit, grimmiger Konzentration und einem entschiedenen Überlebenswillen. Dabei ist der Sperber nicht besonders groß: Das Weibchen mit einer Körperlänge von nicht ganz vierzig Zentimetern ist ganz nach Greifvogelmanier größer als das Männchen, welches unter dreißig Zentimetern bleibt. Der Wanderfalke beispielsweise ist mit vierzig bis fünfzig Zentimetern deutlich größer und als der Weltmeister im schnellen Angriffsflug für die Kleinvogel- bis Taubenwelt wahrhaft Furcht einflößend. Für uns jedoch wirkt er mit seinen braunen Augen, seiner pfiffigen schwarzen Maske und dem hellen Bauch eher elegant majestätisch. Nur noch der Habicht, ein auf über sechzig Zentimeter »aufgezoomter« Verwandter, lässt in uns ähnliche Assoziationen wie beim Sperber aufkommen, auch wenn seine orangefarbenen Augen etwas mehr Sanftmut versprühen.

Ein geschickter Jäger

Aber nicht nur der »Gesichtsausdruck« des Sperbers ist beeindruckend. Durch seine langen Schwanzfedern (»Stoß« genannt) und seine Flügelkonstruktion ist er in der Lage, seinem ausgespähten Kleinvogelopfer selbst durch dichtes Geäst im Wald in einer atemberaubenden Jagd zu folgen. Wenn es dem »Opfer« gelingt, sich in einer stacheligen Hecke oder unter einer sonstigen Deckung in Sicherheit zu bringen, kann der Sperber immer noch mit seinen extrem langen und unbefiederten Füßen (Läufen) weit in das schützende Gewirr hineingreifen. Manchmal sitzt der Sperber auch lauernd in Bodennähe und rennt dann einem durch das Gebüsch fliehenden Kleinvogel flugs hinterher. Er ist ein perfekter Jäger. Aber die allermeisten »Opfer« sind ebenso perfekte Überlebenskünstler und entkommen in einem von uns kaum mehr zu verfolgenden Zickzackflug oder wissen instinktiv, in welcher Dornenhecke Schutz zu finden ist.

Sperber *(Accipiter nisus)*

Wissenswertes__Die Bestände des Sperbers haben sich mit dem DDT-Verbot von 1972 wieder erholt, sodass er heute als nicht mehr bedroht gilt. Er ist zunehmend in Siedlungsnähe anzutreffen, sofern Hecken und Altbäume eine strukturreiche Landschaft bilden. Mitteleuropäische Sperber ziehen im Winter in mildere Regionen.
Bemerkenswertes__Früher setzte man den Sperber zur Spatzenjagd in der Falknerei ein; seiner Vorliebe für Singvögel wegen, wurde er aber auch selbst unbarmherzig bejagt.

Holzauge sei wachsam!

Besser ist es natürlich, es erst gar nicht so weit kommen zu lassen. So verbringen Kleinvögel, die den Winter im laublosen Mitteleuropa verbringen, die kalte Jahreszeit im Großverband. Trupps von bis zu dreißig bunt zusammengewürfelten Vogelarten wie Kohl-, Blau-, Schwanz- oder Sumpfmeisen, Grün- und Buntfinken beäugen gemeinsam den Horizont nach Gefahr aus der Luft. Ein wachsames Auge wird ihn schon rechtzeitig erkennen – den hungrigen Sperber. Dann stößt der Entdecker ein beherztes und weithin hörbares, sehr hohes »Ziehh« aus – den für alle Kleinvögel geltenden Luftalarm. Diesen Alarmruf beherrschen und verstehen alle, vom Specht über die Spatzen und Meisen bis hin zum Zaunkönig. Jetzt heißt es: still sein und still sitzen. Denn der schneidige Jäger ortet seine Beute mit dem Gehör (wobei er aber diesen sehr hohen Luftalarmton selbst nicht hören kann), zuallererst jedoch mit seinen sehr scharfen Augen. Er erkennt, ähnlich wie der Falke, seine Beute aus mehreren Hundert Metern Distanz, jedoch nur, wenn sie sich bewegt. Hört also ein Kleinvogel den Luftalarm, hält er still.

Anders dagegen beim »Bodenalarm«, den jede Vogelart auf ihre eigene Art gestaltet. Nähert sich Gefahr vom Boden, beispielsweise eine Katze oder ein Marder, wäre stillsitzen genau das Falsche. Jetzt wird gezetert, wie bei den Meisen, oder nervtötend gescheckert, wie es die Amsel zu tun pflegt. Auf diese Weise werden die Jungvögel gewarnt, sich entsprechend zu verstecken, und der Feind weiß, dass er entdeckt ist und von dannen ziehen kann.

So hat es der Sperber nicht leicht, seinen Hunger und den seiner Jungvögel zu stillen. Eigentlich erwischt er meist nur die Unaufmerksamen, Unerfahrenen, Kranken oder Alten. Unter dem Strich gesehen sorgt er dafür, dass die Vogelwelt fit, aufmerksam und gesund bleibt.

Der Falke der kleinen Leute

Einst waren Sperber und Habicht Vögel der edelsten Jagdkunst: der Falknerei. Während der Habicht bei der Jagd auf Kaninchen, Fasane und Krähen eingesetzt wurde, galt der Sperber in der Falknerei als der »Falke der kleinen Leute«. Sein Beuteschema sind nun mal Kleinvögel, weswegen er vor allem zur Spatzenjagd eingesetzt wurde, was ihm auch seinen ursprünglichen Namen eingebracht hat: Sperlingsaar. Spatzen sind mittlerweile jedoch keine »landwirtschaftlichen Schädlinge« mehr, sondern machen sich auf den Äckern immer rarer. In den meisten Großstädten sind sie schon so gut wie verschwunden und es wird sogar über gezielte Ansiedlungsprojekte für Haus- und Feldsperlinge nachgedacht. Und so ist die Jagd mit dem Sperber heute gänzlich gestrichen. Wozu soll sie auch noch gut sein?

Diese beiden Vogelarten haben auch deshalb Einzug in die Falknerei gefunden, da sie sich trotz Verfolgungen von Hühner- und Taubenzüchtern sowie von Jägern in freier Natur immer gut behauptet haben und genügend Jungvögel zur Ausbildung zur Verfügung standen und stehen. Dabei scheinen sie sich auch relativ gelehrig anzustellen. Die Falken selbst, vor allem der »edle« Wanderfalke, hatten da größere Probleme und standen in den 1970er- und 1980er-Jahren fast vor dem Aus. Ihnen machten Umweltgifte wie DDT, jagdliche Verfolgung und Aushorstungen der Eier und Jungvögel als zukünftige Rekruten für die Falknerei beinahe den Garaus. Zum Glück wendete sich das Blatt: DDT-Verbot, Horstbewachungen und Falkenzuchtprogramme kamen gerade noch rechtzeitig. Zur Zeit gibt es vereinzelt Bemühungen, den Sperber wieder in die Falknerei aufzunehmen – um die für den Sperber viel zu großen und auch nicht zu seinem Beuteschema gehörenden Elstern zu jagen beziehungsweise zu vergrämen, so wird argumentiert. Haben wir das wirklich nötig?

Bei Sperbers zu Haus

Sperber sind – noch – relativ häufig vorkommende Greifvögel, welche die Nähe des Menschen gut tolerieren. Damit eignen sie sich gut für wissenschaftliche Untersuchungen. So hat man Sperberweibchen bei der Brut und Jungenaufzucht über einen längeren Zeitraum in freier Wildbahn beobachtet. Bei »Sperbers« ist es wie bei fast allen Greifvögeln: Das Weibchen übernimmt das gesamte Brutgeschäft, während das Männchen die Aufgabe hat, Futter für die Familie herbeizuschaffen. Das Fazit der Studie war verblüffend: Es gibt absolut fürsorgliche Sperbermütter, die bis zu fünf Jungvögel erfolgreich in einem sorgfältig ausgewählten Brutrevier und exakt gebauten Nest großzogen. Andere Sperberweibchen hingegen erhielten das vernichtende Prädikat »echte Schlampen«. Sie schienen andere Flausen im Kopf zu haben als das Brutgeschäft, woran auch ein fortgeschrittenes Lebensalter nichts änderte. Was wir von unseren Haustieren schon lange wussten, ist jetzt auch für Wildvögel wissenschaftlich bewiesen: Auch hier gibt es einen ausgeprägten Individualismus: Sperber ist eben nicht gleich Sperber.

Sperber und Habicht sind geniale Jäger, die sich seit Jahrmillionen in ihr Ökosystem eingliedern und ein Gleichgewicht und die Fitness in der Kleinvogelwelt garantieren. Auf gar keinen Fall eignen sie sich zum »bösen Räuber« oder gar zum »Schädling«. Solche menschlichen Urteile zeugen von Unachtsamkeit und Ignoranz. Nach genauerem Hinsehen verdienen sie ob ihrer Fähigkeiten und Überlebenstauglichkeit unsere uneingeschränkte Bewunderung.

Eva Schneider

Die Weinrose – eine wilde Schönheit erobert die Welt

»Es war eine mächtige Königin, in deren Garten befanden sich die schönsten Blumen jeder Jahreszeit und aus allen Ländern der Welt; aber die Rosen liebte sie besonders, und deshalb hatte sie von diesen die verschiedensten Arten, von der wilden Heckenrose mit den nach Äpfeln duftenden grünen Blättern bis zur schönsten Rose aus Frankreichs Provençe.«

Welche Rosenarten es waren, die die Königin aus dem Märchen »Die schönste Rose der Welt« von Hans Christian Andersen (1805–1875) in ihrem Garten hegte, wissen wir nicht. Die beiden erwähnten jedoch sind uns bekannt: Die Provençe-Rose ist die Ende des 16. Jahrhunderts durch Kreuzung mehrerer Rosenarten entstandene, sehr wohlriechende *Rosa centifolia*. Sie blüht in den Farben weiß bis dunkelrot und wird auch Kohlrose oder Zentifolie genannt. Wörtlich übersetzt bedeutet ihr Name »hundertblättrige Rose«, da ihre Blüten dicht mit zahlreichen Blütenblättern gefüllt sind.

Ganz im Gegensatz dazu stehen die einfachen Blüten der Hecken- oder Feldrosen, also der wild vorkommenden, nicht durch züchterische Kreuzung und Auslese entstandenen Rosenarten. Sie begnügen sich mit fünf Blütenblättern; dafür ist ihre Blütenmitte mit einer großen Zahl an Staubblättern bestückt. An die zweihundert Wildrosenarten zählt man in ihrem natürlichen Verbreitungsgebiet, der Nordhalbkugel. In Europa kommen etwa fünzig Arten vor, über die Hälfte davon ist auch in Deutschland heimisch, darunter die Heckenrose aus dem königlichen Märchengarten.

Am Geruch sollt ihr sie erkennen

Unsere gesuchte Heckenrose ist die Weinrose, die sich durch ihr untrügliches Merkmal, den Duft nach Äpfeln, eindeutig zu erkennen gibt. Er geht von den eher derben, unpaarig fünf- oder siebenteilig gefiederten Blättern aus. Am Rand und besonders auf der Unterseite sind die Fiederblättchen nämlich dicht mit kurz gestielten, rotbraunen, klebrigen Drüsen besetzt, die bei etwas Reiben den charakteristischen apfel- oder weinartigen Geruch ausströmen. Im Frühsommer duften sie, besonders bei feuchter Witterung, auch schon ohne Berührung nach frischen Äpfeln. Mancherorts heißt die Weinrose

Weinrose *(Rosa rubiginosa)*

Wissenswertes__Die Weinrose fällt im Jahresverlauf zweimal auf: Zur Blüte im Spätfrühling und Sommer sowie im Herbst, wenn die Hagebutten reif sind. Sie ist typisch für Hecken und Waldränder. Auch wenn ihr Bestand rückläufig ist, gilt sie immer noch als ungefährdet.

Bemerkenswertes__Die Weinrose ist vielfältig nutzbar. Die Hagebutten sind Grundlage für Tees, Hautöle oder schmackhafte Konfitüren.

deshalb auch Riechdorn oder Schmeckende (Wohlriechende) Röselstaude. Einer Legende zufolge soll der Duft des Strauches daher rühren, dass die Muttergottes auf der Flucht nach Ägypten die Windeln des Jesuskindes an den Zweigen zum Trocknen aufhing. Daher rühren regional gebräuchliche Namen wie Muttergottesrose, Fraudorn, Heilandsrösli oder Heilandsschmecke. Der wissenschaftliche Name *Rosa rubiginosa*, der sich von »rubigo«, dem lateinischen Wort für »Rost« ableitet, bezieht sich auf die rotbraun gefärbten Blattunterseiten.

Die Weinrose, ein gedrungener, kurzastiger Strauch von etwa zwei Metern Höhe, ist gut bewehrt mit hakig nach unten gekrümmten Stacheln, gemischt mit kleineren, gerade abwärts gerichteten Stacheln und Borsten. Im Juni oder Juli erscheinen die drei bis fünf Zentimeter großen, wenig duftenden, lebhaft karminrosa, seltener hellrosa oder weiß gefärbten Blüten. Wie bei allen Rosen entwickelt sich aus dem krugförmigen Blütenbecher eine Scheinfrucht, die sogenannte Hagebutte. Die eigentlichen Früchte enthält sie in Form kleiner harter Kerne, der einsamigen Nüsschen. Die bei der Weinrose früh reifende, eiförmige bis kugelige Hagebutte ist orangerot bis blutrot gefärbt und wird von den fünf aufgerichteten oder ausgebreiteten, fiederteiligen Kelchblättern gekrönt. Die Weinrose ist eine formenreiche und veränderliche Art, deren Bestachelung, Größe und Form der Blättchen, Behaarung und Drüsigkeit unterschiedlich ausgebildet sein kann.

Von Europa in die ganze Welt

Ursprünglich kommt die Weinrose zerstreut in ganz Europa vor, bevorzugt auf tiefgründigen, kalkhaltigen und humosen Böden. Im Norden findet man sie bis nach Südskandinavien und im Osten bis zur Krim. Verwildert oder völlig eingebürgert ist sie heute auch gebietsweise in Nord- und Südamerika, Australien, Neuseeland und Südafrika. Das geht darauf zurück, dass sich diese tiefwurzelnde, dichte undurchdringliche Hecken bildende Wildrose hervorragend zur wirkungsvollen Umgrenzung von Gebieten und als Bestandteil lebender Weidezäune eignet. Daher brachten die europäischen Siedler Stecklinge dieser Art in ihre neue Heimat mit. Die Weinrose heißt deshalb auch Schottische Zaunrose und wurde insbesondere in vorindustrieller Zeit, nachweislich seit 1551, als »Hagdorn« angepflanzt. »Hag« ist ein altes Wort germanischen Ursprungs für ein von einer Hecke umzäuntes Gelände, auch der Begriff »Hecke« selbst ist auf diesen Wortstamm zurückzuführen. Gezielt gezüchtet und mit anderen Rosen gekreuzt wurde die Weinrose seit Ende des 19. Jahrhunderts in England durch Lord Penzance (1816–1899). Einige der damals entstandenen Sorten sind bis heute begehrte Strauchrosen für den Garten.

Eine Blume von vielfältigem Wert

Eine wichtige Verwendung der Weinrose und anderer Heckenrosen ist seit alters her die Nutzung der Hagebutten. In der durch Carotinoide rot gefärbten Fruchtwand enthalten sie zwischen 0,2 bis zwei Prozent Vitamin C, fünfzehn Prozent Pektine, Zucker, Fruchtsäuren und Gerbstoffe. Nach Entfernen der Kerne kann man Hagebutten roh essen, zu einem Vitamin-C-haltigen Mus oder zu Konfitüre verarbeiten oder für Fruchtwein und Likör ansetzen. Getrocknete Hagebuttenschalen dienen zur Bereitung von Früchtetee. Traditionell werden sie in der Volksmedizin zur Behandlung von Erkältungen, zur Steigerung der Abwehrkräfte, zur Magenstärkung, bei Gallen-, Blasen- und Nierenbeschwerden sowie gegen Rheuma und Arthrose eingesetzt; Sebastian Kneipp (1821–1897) empfiehlt Hagebuttentee besonders gegen Harnleiden. Ein Volksglaube besagt, dass drei Hagebutten, am Heiligen Abend zwischen elf und zwölf Uhr dem Vieh zu fressen gegeben, den Rindern einen ganzjährigen Schutz vor dem tödlich verlaufenden Rauschbrand gewähren würden. Auch dem Menschen hilft der Verzehr von Hagebutten in der Neujahrsnacht, um ihn das ganze Jahr vor Krankheit und Unheil zu bewahren.

Wirtschaftlich gesehen ist bei der Weinrose heute die Nutzung der Kerne vorrangig. Diese enthalten ein wenig haltbares, gelbes, fettes Öl, das durch Vitamin E stabilisiert als Hagebuttenkernöl oder Wildrosen(kern)öl in den Handel kommt. Es hat einen hohen Gehalt an ungesättigten Fettsäuren, unter anderem 33 Prozent der entzündungshemmend wirkenden alpha-Linolensäure. Anwendung findet es bei trockener, schuppiger, rissiger und stumpfer Haut. Es unterstützt die Hautregeneration, mildert Pigmentflecken, fördert die Kollagenproduktion im Bindegewebe und wird zur Nachbehandlung von Narben und Brandwunden eingesetzt. Bedeutendster Produzent des Wildrosenöls ist Chile.

Heckenrosen, vom Menschen oft als lästiges Dorngestrüpp empfunden, sind für viele Tierarten wertvolle Nähr- und Schutzgehölze. Singvögeln bieten sie Unterschlupf und einen sicheren Brutplatz vor der Nachstellung durch Katzen, Elstern oder Marder. In den Blüten finden Insekten Pollennahrung und Schlafplätze. Im Spätherbst und Winter stellen die am Strauch verbliebenen Hagebutten für Vögel und Wild eine wichtige Nahrungsquelle dar. Die Tiere tragen so unfreiwillig zur Verbreitung bei, da die Kerne den Verdauungskanal unbeschadet passieren und anderswo wieder ausgeschieden werden.

Die Weinrose ist heute Bestandteil von naturnahen Bebauungsplänen und wird zur Befestigung von Böschungen und an Straßenrändern verwendet. Damit wird versucht, der durch Bodenversiegelung, Flurbereinigung und Anlage von Kulturflächen erfolgten Bestandsminderung entgegenzuwirken.

Ehrentraud Bayer

Rosenküche für Schleckermäuler – Hagebuttenmarmelade kochen

Von alters her fand die Rose in der Heilkunde oder in der Küche Verwendung. Aus Rosenblättern und Hagebutten lässt sich so manche Köstlichkeit zaubern. Wie wäre es zum Beispiel mit einer selbst gemachten Hagebuttenmarmelade?

Was man dazu braucht

Für circa 2 Kilo Marmelade benötigt man dieselbe Menge Hagebutten und 1 Kilogramm Gelierzucker.

Und so wird's gemacht

- Die Hagebutten gut waschen und von Blüten und Stielen befreien. Anschließend mit einem Messer halbieren und die Kerne entfernen; nochmals mit Wasser spülen.
- Nun die Hagebutten in einen großen Topf geben und knapp mit Wasser bedeckt in circa 30 Minuten weich kochen.
- Das Hagebuttenmus wird jetzt durch ein feines Sieb gedrückt und anschließend mit dem Gelierzucker vermischt. Das Verhältnis zwischen dem Mus und dem Zucker sollte 1:1 betragen.
- Die süße Mischung noch einmal kurz aufkochen bis die Masse nach wenigen Minuten eindickt.
- Die noch heiße Marmelade in Marmeladengläser füllen, die Gläser verschließen und kühl und trocken lagern.

☞ Der Herbst ist Hagebuttenzeit. Mit Ingwer oder Zitronensaft verfeinert ist die Marmelade eine süße Gaumenfreude für den langen Winter.

Eine Vielzahl weiterer Anregungen rund um die Rose bieten folgende Bücher:

Monika Kratz
Alles aus Rosen. Köstlich – duftend – dekorativ.
Verlag Eugen Ulmer, Stuttgart, 2006

Ingrid Rosa Schindler
Rosen. Für Küche, Schönheit & Wohlbefinden.
Hädecke Verlag, Weil der Stadt, 2008

Im Paradies war Wildnis – Ein Plädoyer für einen zukunftsfähigen Naturschutz

Im Laufe der letzten Generation haben wir im technischen Umweltschutz in Deutschland viel erreicht. Tatsache ist aber auch, dass uns die Großstrukturen der Energie- und Wirtschaftpolitik, der Landnutzung, der Siedlungsentwicklung und des Verkehrswesens überrollt haben. Dadurch sind sowohl der klassische Naturschutz als auch der Artenschutz und die biologische Vielfalt auf der Strecke geblieben, das Netzwerk des Lebens wurde zerrissen und die Schöpfung geschunden.

Hinzu kommt die neue Dimension des Klimawandels, mit der sich das Artenspektrum dramatisch verändern wird. Die Globalisierung und der Kampf um Ressourcen, vor allem um Energie, bedrängt alles Lebendige. Der Nord-Süd-Konflikt und die Kriege um Rohstoffe finden vor unserer Haustür statt. Armutsbekämpfung, Umweltvorsorge und Artenschutz hängen eng zusammen und sind ein wichtiger Teil zukunftsfähiger Naturschutzpolitik geworden.

Die wahren Helden der Geschichte

Der Schwund der Biodiversität geht allen Konferenzmarathons zum Trotz unverändert weiter. Allein in Europa sind bis zu vierzig Prozent der Pflanzenarten und über die Hälfte der Tiere bedroht. Das klingt wenig aufmunternd, könnte man mir jetzt entgegenhalten. Warum ich dennoch Optimist bleibe? Weil wir als Naturschützer mit Selbstbewusstsein sagen können: Ja, wir haben viel erreicht. Stellt Euch unser Land vor, wenn es den Naturschutz nicht gegeben hätte! Kaum ein Schutzgebiet, kaum ein Kleinod dieses Landes, das nicht durch irgendeine Schandtat entstellt worden wäre, hätten sich nicht die vielen ungenannten Frauen und Männer schützend vor die Natur gestellt. Die Naturschützer sind die wahren Helden der Geschichte! Sie haben den größten Beitrag zur Zukunftsfähigkeit und für eine »Überlebenspolitik« der Menschheit geleistet und das Netzwerk des Lebens geknüpft!

In den letzten Jahren hat die Naturschutzarbeit erfreuliche Früchte getragen. Wir haben neue Arten hinzugewonnen, Wildkatze, Luchs, Biber und sogar Bär und Wolf sind zurückgekehrt, Schwarzstorch und Uhu sieht man wieder häufiger. Auch die Etablierung von Nationalparks in Deutschland ist sowohl für den Naturschutz als auch für den Tourismus im Verlauf der letzten Jahrzehnte zu einer Erfolgsgeschichte geworden.

Zu den Visionen des Naturschutzes gehört, dass die viel diskutierte Generationengerechtigkeit nicht länger als ein rein monetärer Vorgang betrachtet wird. Schließlich sind auch Blumenwiesen und Schmetterlinge, Vogellieder und Waldbäche Teil einer zukünftigen Rente. Was hätten künftige Generationen von mehr Wohlstand, wenn er in einer zerschundenen Umwelt versandet und Körper und Seele davon krank würden?

Heimat und Natur müssen wieder einen Wert bekommen. Seit nunmehr zwei Generationen drücken wir uns vor einer überfälligen Wertediskussion und lassen uns von ungesundem Wachstum und materiellem Wohlstand blenden. Weil diese auf Materialismus basierende Denkweise nicht zukunftsfähig ist, sollten wir uns der spirituellen Kraft besinnen, welche die mystische Wurzel des Naturschutzes war. Wir sollten ein neues Menschenbild in den Mittelpunkt rücken, um angesichts des globalisierten Egoismus und des brutalen Neodarwinismus dieser Tage den Mut zur Emotion und zum Anderssein wieder zu entdecken.

Naturschutz ist eine Frage der Liebe

Das setzt eine Solidargemeinschaft zwischen Menschen und Mitgeschöpfen voraus und erfordert einen Naturschutz, der die Hände von der Natur und die Natur sich selbst überlässt. Liebe Deinen Nächsten wie Dich selbst: Die Linde, das Pfauenauge, den Duft der Haselwurz im Moderlaub der Frühlingsauen, die Kälte der Winternächte und die kühle Erde, die uns trägt und eines Tages umarmen wird. Wenn es uns gelingt, aus solchen Beziehungen zum Lebendigen eine wirkliche Solidargemeinschaft zwischen gleich gesinnten Menschen und Mitgeschöpfen zu formen, werden wir dem nie verlorenen Paradies einen kleinen Schritt näher kommen.

Nicht das hehre Geschwätz von Pflicht und Verantwortung oder die Predigt über Askese und Verzicht machen uns glaubwürdig, sondern unser Gespür im liebevollen Umgang miteinander und mit allem Lebendigen. Naturschutz ist letztlich eine Frage der Liebe.

Deshalb sollten wir wieder viel mehr Mut zur Wildnis beweisen und uns nicht mit ein paar Biotopen als Landschaftsalmosen abspeisen lassen. Ist es nicht schrecklich, in einem Land zu leben, in dem jeder Quadratmeter Lebensraum technokratisch verplant ist, sei es als Wirtschaftsraum und Entwicklungsachse, als Nutzfläche und Baugebiet oder neuerdings, als Zugeständnis an die Ökologie, eben auch als Pflegebereich oder Biotop? Die Natur wird quasi in die geschlossene Anstalt gesteckt oder an das Sozialamt der Schöpfung überwiesen.

Dieser Denkweise sollten wir entgegensetzen, dass auch die Sukzession, also die kontinuierliche Veränderung von Lebensgemeinschaften, ein schutzwürdiges Gut ist und dass die Evolution Freiräume benötigt. Warum ergreifen wir beispielsweise nicht die historische Chance und überlassen einige Brachlagen sich selbst und beobachten voll Interesse, wie sie sich entwickeln, sich wieder bewalden? Warum lassen wir in den Flusslandschaften nicht einfach ein paar Hunderttausend Hektar Auen zum Schutz gegen Hochwässer entstehen? Angesichts der agrarpolitischen Situation in Mitteleuropa war die Situation nie günstiger als heute. Ist das Entstehen von Haselnusshecken, Birkendickungen, eines Wacholderhanges oder eines Erlenbruches denn wirklich ein Unglück, auch wenn das zum Artenwechsel führt? Entsteht nach dem Zusammenbruch der Hochlagen-Fichtenwälder durch den Borkenkäferbefall nicht neuer, wundervoller Laubwald?

Wildnis ist überall dort, wo wir sie zulassen

Wenn wir das Recht der Wildnis wieder mehr respektieren, müssen wir manches statische Naturschutzmanagement zugunsten des ewigen Fließens und des Wiedererstehens aufgeben. Mut zur Wildnis, das ist auch der Mut zur Selbstbeherrschung, zum Schauen statt zum Tun. Nichtstun als Naturschutz, Respekt vor Heiligtümern haben, unsere arteigene Arroganz gegenüber dem Rest der Schöpfung hintanstellen. Dann wird uns plötzlich klarer, warum zum Wesen des Waldes auch Luchs und Wildkatze gehören, selbst wenn wir sie nicht zu Gesicht bekommen. Und es leuchtet ein, dass die Biberspäne am Ufer dem Fluss ein Stück Geheimnis zurückgeben und der Flügelschlag eines Apollofalters den Heidehang heiligt.

Wildnis ist eine Absage an die Ordnung, an das typisch deutsche, so schreckliche Verplanen eines jeden Quadratmeters und an die Vertreibung der letzten Geheimnisse und Märchen aus der uns umgebenden Welt. Wildnis entspricht einer Kultur wider das geradlinige Denken, wider alle »du darfst, du sollst, du musst«-Zwänge, mit denen unsere Seelenwildnisse gerodet und die kreatürliche Gespürigkeit flurbereinigt wurden. Deshalb muss Wildnis nicht unbedingt Urwald, Wildfluss oder Wolfsgeheul sein. Wildnis ist vielmehr überall, wo wir sie zulassen: Im chemiefreien Hausgarten, in Wäldern, in denen der Luchs geduldet wird, oder in einer Gesellschaft, die Wildnis denken lässt.

Die Gesellschaft, in der wir leben, läuft seit der Aufklärung – immerhin ein Dutzend Menschengenerationen lang – dem Irrtum nach, den Geist von der Seele abkoppeln zu müssen. Deshalb ist unsere rechte Gehirnhälfte hoffnungslos verkümmert und das Gespräch mit Bäumen oder die Liebe zu Schmetterlingen fällt uns so schwer.

Aber je größer der globalisierte Leidensdruck wird, der mit der zunehmenden Ferne von Wildnis einhergeht, umso mehr wächst die Chance auf einen seelischen Quantensprung: nicht »zurück zur Natur«, sondern »heim in die Wildnis«, ins Paradies. Dorthin, wo wir sein dürfen, wie wir sind, wo wir leben, lieben, essen, trinken, schlafen, faul und schwach sein, beten, lachen und tanzen, kurzum: wo wir wild sein und einfach leben dürfen!

Wildnis ist eine Denkweise. Wildnis ist die Lust, den Garten Eden nicht zu mähen, sondern gelassen auf das Paradies zu warten. Wildnis ist Träumen statt Aufräumen, ist das Gespräch mit der Natur statt über die Natur. Deshalb bekommt eine »Philosophie der Wildnis« eine neue, menschliche Dimension: Brauchen wir nicht auch Brachflächen, auf denen sich neue gesellschaftliche Kulturen entwickeln können?

Der Begriff Wildnis ist mit neuen Inhalten zu füllen, Wildnis wird zum Ort der Sehnsucht und des Aufbruchs. Wildnis ist überall dort, wo wir sie zulassen.

Hubert Weinzierl

Staunen, erleben, schmökern

Serviceteil für Schatzsucher IV

Für Museumsliebhaber

Naturkundemuseen und ihre vielfältigen Attraktionen

Museum für Naturkunde Berlin

In Deutschlands größtem Naturkundemuseum sind unter anderem ein Original des Urvogels *Archaeopteryx* sowie das weltweit größte Saurierskelett zu bestaunen. Die Mineraliensammlung zeigt wertvolle Stücke, die Alexander von Humboldt gesammelt hat. »Die Natur erforschen und dabei Neues entdecken« ist das Motto des »Humboldt-Exploratoriums«; hier kann man spielend Einblick in naturwissenschaftliches Arbeiten bekommen.

Invalidenstraße 43, Berlin, 10115
Fon: +49 (0)30/20 93 85-91
Fax: +49 (0)30/20 93 85-61
E-Mail: info@museum.hu-berlin.de
www.naturkundemuseum-berlin.de

Staatliches Naturhistorisches Museum Braunschweig

Im ältesten Naturkundemuseum Deutschlands zeigen zahlreiche Dioramen die Tierwelt Norddeutschlands. Bei einem Rundgang durch das Aquarium können sich die Besucher(innen) an den Farben und Formen im Korallenriff erfreuen oder die perfekt getarnten Blattfische entdecken.

Pockelsstraße 10, Braunschweig, 38106
Fon: +49 (0)531/2 88 92-0
Fax: +49 (0)531/2 88 92-50
E-Mail: Kontaktformular auf der homepage
www.naturhistorisches-museum.de

Aquazoo-Löbbecke Museum Düsseldorf

Naturkundemuseum und Zoo in einem: Zu bewundern sind beispielsweise Muscheln, Schnecken und Tintenfische aus der Sammlung des Museumsgründers Theodor Löbbecke, viele Aquarien und Terrarien, ein Insektarium mit zahlreichen Arten lebender Insekten und eine Tropenhalle mit kleinem »Regenwald«.

Kaiserswerther Straße 380, Düsseldorf, 40200
Fon: +49 (0)211/8 99 61 50
Fax: +49 (0)211/8 99 44 93
E-Mail: aquazoo@stadt.duesseldorf.de
www.duesseldorf.de/aquazoo

Zoologisches Forschungsmuseum Alexander Koenig

Das Museum widmet sich der Artenvielfalt. Die Dauerausstellung »Unser blauer Planet – Leben im Netzwerk« nimmt die Besucher(innen) mit auf eine Reise durch die Savanne, durch tropische Regenwälder und die Eiswelt der Pole.

Adenauerallee 160, Bonn, 53113
Fon: +49 (0)2 28/91 22-0
Fax: +49 (0)2 28/91 22-212
E-Mail: info.zfmk@uni-bonn.de
www.zfmk.de

Naturmuseum Senckenberg

Das Museum zeigt die heutige Vielfalt des Lebens und dessen Entwicklung über Jahrmillionen, außerdem neue Forschungsergebnisse aus Biologie, Paläontologie und Geologie. Neben der umfangreichsten Dinosaurierausstellung Deutschlands gehören das Originalskelett eines amerikanischen Mastodons sowie eine Ausstellung von Walen und Delfinen zu den Highlights.

Senckenberganlage 25, Frankfurt, 60325
Fon: +49 (0)69/75 42-0
Fax: +49 (0)69/74 62 38
E-Mail: keine Angaben
www.senckenberg.de

Staatliches Museum für Naturkunde Stuttgart

Zum Museum für Naturkunde Stuttgart gehören die Museen »Am Löwentor« sowie »Schloss Rosenstein«. Ersteres widmet sich den Fossilfunden aus Baden-Württemberg. Schloss Rosenstein beherbergt die biologische Sammlung. Ein Höhepunkt ist die Regenwald-Ausstellung: Detailgetreue Rekonstruktionen von Pflanzen und Tieren geben den Besucher(inne)n das Gefühl, mitten im Dschungel zu stehen.

Rosenstein 1, Stuttgart, 70191
Fon: +49 (0)7 11/89 36-0
Fax: +49 (0)7 11/89 36-100
E-Mail: museum.SMNS@naturkundemuseum-bw.de/stuttgart
www.naturkundemuseum-bw.de

Naturkundemuseum Karlsruhe

Neben faszinierenden Ausstellungsstücken wie zwei lebensgroßen, frei schwebenden Modellen von Flugechsen und einem Walskelett ist das »Vivarium« eine besondere Attraktion. In liebevoll gestalteten Aquarien und Terrarien lassen sich hier lebende Tiere wie Korallen, Fische, Frösche oder Schlangen beobachten. Eine Dauerausstellung entführt die Besucher(innen) in verschiedene Klimazonen der Erde.

Erbprinzenstraße 13, Karlsruhe, 76133
Fon: +49 (0)7 21/1 75 21 11
Fax: +49 (0)7 21/1 75 21 10
E-Mail: museum@naturkundeka-bw.de
www.smnk.de

Naturkunde-Museum Bamberg

Das Museum im Herzen Bambergs widmet sich der Geologie, Paläontologie und Zoologie unter besonderer Berücksichtigung regionaler Aspekte. Die Ausstellung »Leben in der Urzeit Frankens« entführt die Besucher(innen) in die Vergangenheit, als Bayern noch von Sauriern bewohnt war.

Fleischstraße 2, Bamberg, 96047
Fon: +49 (0)9 51/8 63 12 49
Fax: +49 (0)9 51/8 63 12 50
E-Mail: info@naturkundemuseum-bamberg.de
www.naturkundemuseum-bamberg.de

Museum Mensch und Natur

Naturkunde als Erlebnis – das Museum Mensch und Natur vermittelt auf lebendige und unterhaltsame Weise Einblick in die Geschichte des Lebens und die Vielfalt der Organismen. Die Abteilungen »Nerven und Gehirn« sowie »Gen-Welten« erklären die komplizierten Vorgänge im menschlichen Gehirn ebenso anschaulich wie das komplexe Gebiet der Genetik. In der beliebten Ausstellung »Spielerische Naturkunde – nicht nur für Kinder« können große und kleine Besucher(innen) per Knopfdruck ihr Wissen zu den ausgestellten Tieren und Pflanzen testen.

Schloss Nymphenburg, München, 80638
Fon: +49 (0)89/17 95 89-0
Fax: +49 (0)89/17 95 89-100
E-Mail: museum@musmn.de
www.musmn.de

Naturkundemuseum Erfurt

Die Hausanschrift verrät es bereits – hier ankert die Arche Noah. In einem Schiffskörper sind im Untergeschoss Präparate von Tieren aus aller Welt ausgestellt. Die vier weiteren Stockwerke befassen sich mit Erdgeschichte, Wald, Feldflur und Stadt.

Große Arche 14, Erfurt, 99084
Fon: +49 (0)3 61/6 55 56 80
Fax: +49 (0)3 61/6 55 56 89
E-Mail: naturkundemuseum@erfurt.de
www.naturkundemuseum-erfurt.de

Für Naturverbundene

Veranstalter von Führungen durch Wald und Flur

NABU – Naturschutzbund Deutschland e.V.

Die Natur entdecken – zu Land und zu Wasser.
Zum breit gefächerten Angebot des NABU gehören Fahrradführungen zu Fröschen und Kranichen ebenso wie Kutterfahrten mit Seehundbeobachtung.

> Charitéstraße 3, Berlin, 10117
> Fon: +49 (0)30 28 49 84-0
> Fax: +49 (0)30 28 49 84-20 00
> E-Mail: nabu@nabu.de
> www.nabu.de

Bund für Umwelt und Naturschutz Deutschland e.V. (BUND)

Viele spannende Angebote, um Natur live zu erleben, bietet der BUND in allen Teilen Deutschlands. Links zu den Landesverbänden aller Bundesländer finden sich auf der Homepage des BUND.

> Friends of the Earth Germany
> Am Köllnischen Park 1, Berlin, 10179
> Fon: +49 (0)30/2 75 86-40
> Fax: +49 (0)30/2 75 86-440
> E-Mail: bund@bund.net
> www.bund.net

Verein Jordsand

Der Verein Jordsand bietet verschiedene Exkursionen zur Tier- und Pflanzenbestimmung sowie Führungen zum Kennenlernen der verschiedenen Lebensräume, einschließlich Wattenmeer. Daneben können die Besucher(innen) lernen, wie man Nistkästen für Vögel, Fledermäuse oder Insekten baut, die Gewässergüte bestimmt oder einfache Bodenuntersuchungen durchführt.

> Haus der Natur
> Bornkampsweg 35, Ahrensburg, 22926

Fon: +49/(0)41 02/3 26 56
Fax: +49/(0)41 02/3 19 83
E-Mail: info@jordsand.de
www.jordsand.de

Alfred Toepfer Akademie für Naturschutz (NNA)

Die Exkursionsreihe »Natur leicht gemacht« bietet Spaziergänge unter sachkundiger Führung an, um die verschiedenen Lebensräume und ihre Tier- und Pflanzenwelt kennenzulernen. Themen sind beispielsweise »Lebensraum Teich«, »Tier- und Lebensgemeinschaften des Hochmoores« oder »Vogelwelt in Moor und Wald«.

Hof Möhr, Schneverdingen, 29640
Fon: +49 (0)51 99/9 89-10
Fax: +49 (0)51 99/9 89-46
E-Mail: nna@nna.niedersachsen.de
www.nna.niedersachsen.de

Verband Deutscher Naturparke e.V. (VDN)

Auf der Homepage finden sich Informationen zu allen 101 Naturparks Deutschlands, einschließlich der naturkundlichen Führungen und anderer Aktivitäten, die in den einzelnen Parks angeboten werden.

Platz der Vereinten Nationen 9, Bonn, 53113
Fon: +49 (0)2 28/92 12 86-0
Fax: +49 (0)2 28/92 12 86-9
E-Mail: info@naturparke.de
www.naturparke.de

Arbeitsgemeinschaft Natur- und Umweltbildung e.V. (ANU)

Die Homepage der Arbeitsgemeinschaft für Natur- und Umweltbildung bietet einen praktischen interaktiven Kalender mit einer Übersicht über Veranstaltungen verschiedener Umweltzentren.

Philipp-August-Schleißner-Weg 2, Hanau, 63452
Fon: +49 (0)61 81/1 80 47 78
Fax: +49 (0)61 81/3 04 91 52
E-Mail: bundesverband@anu.de
www.umweltbildung.de

Münchner Volkshochschule (MVHS)

Die MVHS bietet zahlreiche geführte Exkursionen, um die Natur in und um München zu entdecken. Auf dem Programm stehen unter anderem vogelkundliche Wanderungen, nächtliche Spaziergänge mit Fledermausbeobachtung sowie ein Ausflug zu den Bibern, die mitten in München eine Heimat gefunden haben. Zahlreiche Angebote gibt es auch bei den anderen Volkshochschulen in Deutschland (www.vhs.de).

Gasteig, Kellerstraße 6, München, 81667
Fon: +49 (0)89/4 80 06-0/62 20
Fax: +49 (0)89/4 80 06-65 98
E-Mail: info@mvhs.de
www.mvhs.de

»BayernTour Natur«

Ob Murmeltiere beobachten, Wildkräuter sammeln oder Vogelstimmen erkennen lernen – die BayernTour Natur lädt alljährlich dazu ein, die vielfältige Natur Bayerns zu erkunden. Das Programm umfasst über 3.500 Veranstaltungen zwischen Mai und Oktober. Die BayernTour Natur ist die größte Umweltbildungsaktion Deutschlands und feiert 2010 ihr zehnjähriges Jubiläum.

Bayerisches Staatsministerium f. Umwelt u. Gesundheit
Rosenkavalierplatz 2, München, 81925
Fon: +49 (0)89/92 14-36 89 oder -24 97
Fax: +49 (0)89/92 14-22 66
E-Mail: btn-team@stmug.bayern.de
www.tournatur.bayern.de

Landesbund für Vogelschutz in Bayern e.V. (LBV)

Der Landesbund für Vogelschutz bietet ein vielfältiges Angebot an naturkundlichen Führungen, von der klassischen Vogelstimmenwanderung bis hin zur Orchideenexkursion.

Eisvogelweg 1, Hilpoltstein, 91161
Fon: +49 (0)91 74/47 75-0
Fax: +49 (0)91 74/47 75-75
E-Mail: info@lbv.de
www.lbv.de

Für Lesehungrige

Ein kleiner Wegweiser durch den Bücherdschungel

Heiko Bellmann, Xaver Finkenzeller, Helmut Grünert
Steinbachs Naturführer für die Familie:
Mit 11 Natur-Abenteuern
Verlag Eugen Ulmer, Stuttgart 2007

Die Natur als Erlebnis für Groß und Klein! Das Buch bietet Vorschläge für Natur-Abenteuer, einen Bestimmungsteil und spannende Informationen zu den häufigsten Tieren und Pflanzen in unserer Umgebung.
Mit den Sonderteilen zu Alpen und Küste eine gute Ergänzung fürs Urlaubsgepäck.

Einhard Bezzel
Vogelfedern: Federn heimischer Arten bestimmen
blv Verlag, München 2008

Welcher Vogel hat hier Federn gelassen? Dieses Buch gibt die Antwort und hilft, Federn ihren »Besitzern« zuzuordnen.

Wilhelm Eisenreich, Alfred Handel, Ute E. Zimmer
Der BLV Naturführer für unterwegs:
Wälder, Wiesen, Felder, Feuchtgebiete, Alpen
blv Verlag, München 2008

Ein handlicher Naturführer im Jackentaschenformat und mit wetterfestem Einband, der mit den häufigsten Tieren und Pflanzen vertraut macht.

Wolfgang Engelhardt, Peter Jürging,
Jörg Pfadenhauer, Klaus Rehfeld
Was lebt in Tümpel, Bach und Weiher?
Pflanzen und Tiere unserer Gewässer.
Franckh-Kosmos Verlag, Stuttgart 2008

Der umfassende Naturführer stellt die artenreiche Tier- und Pflanzenwelt unserer Gewässer vor und erklärt die vielfältigen Beziehungen zwischen den Organismen und ihrem Lebensraum.

Michael Lohmann
Unser Garten – ein Tierparadies:
Tiere anlocken, schützen, beobachten.
blv Verlag, München 2009

Naturschutz im eigenen Garten: Michael Lohmann zeigt, was Wildtiere brauchen, damit sie sich in unseren Gärten wohlfühlen. Ob Winterquartier für Igel oder Kinderstube für Wildbienen – das Buch ist eine Einladung für die ganze Familie, zu basteln, zu pflanzen und Tiere zu beobachten.

Margot Spohn, Dietmar Aichele,
Marianne Golte-Bechtle
Was blüht denn da?
Franckh-Kosmos Verlag, Stuttgart 2008

Pflanzen bestimmen leicht gemacht – der Klassiker unter den Bestimmungsbüchern stellt über 860 Blütenpflanzen anhand von naturgetreuen Farbzeichnungen vor.
Die Pflanzen sind nach Blütenfarbe geordnet. Besonders nützlich: Das Buch weist auf leicht zu verwechselnde Arten und deren Unterscheidungsmerkmale hin.

Wilfried Stichmann, Ursula Stichmann-Marny,
Erich Kretschmar
Der große Kosmos-Naturführer Tiere und Pflanzen
Franckh-Kosmos Verlag, Stuttgart 2009

Ein umfangreiches Bestimmungsbuch mit Kurzbeschreibungen, Fotos und Zeichnungen zu insgesamt 1.900 Arten von Tieren, Pflanzen und Pilzen in Mitteleuropa.

Lars Svensson, Peter J. Grant, Killian Mullarney,
Dan Zetterström,
Der neue Kosmos-Vogelführer:
Alle Arten Europas, Nordafrikas und Vorderasiens
Franckh-Kosmos Verlag, Stuttgart 1999

Ein Klassiker unter den Vogelbüchern. Beschreibt über 750 Arten anhand von exzellenten Zeichnungen mit Hinweisen auf die wichtigsten Bestimmungsmerkmale.

Reinhard Witt, Helge Nyncke
Wir entdecken die Natur: Naturführer für Kinder
Ravensburger Buchverlag, Ravensburg 2007

Das reich bebilderte Buch hilft Kindern beim Bestimmen von Tieren und Pflanzen und zeigt, wie sich die Lebewesen an ihre Umgebung angepasst haben. Zahlreiche Tipps und Anleitungen für Experimente laden dazu ein, selbst als Landschaftsgärtner(in) oder Forscher(in) tätig zu werden.

Zur Entstehung des Buches

Naturkunde als Erlebnis – Museum Mensch und Natur München

Als in den 1970er-Jahren die Planungen für das heutige *Museum Mensch und Natur* begannen, war der neue Begriff Umweltschutz in aller Munde. Vergiftete Flüsse, krankmachende Luft, Waldsterben und das Verschwinden vieler Tier- und Pflanzenarten waren unübersehbare Alarmzeichen. Von Anfang an war es deshalb ein zentrales Anliegen des Museums, nicht nur über die Natur selbst, sondern auch über die ihr drohenden Gefahren durch das menschliche Handeln zu informieren.

Nach vielen heftigen gesellschaftlichen Debatten sind Umwelt- und Naturschutz heute umfassend in die Gesetzeslandschaft integriert und es gibt durchaus bedeutende Fortschritte: Unsere Flüsse sind weitaus weniger belastet, viele Arten haben sich in ihren Beständen erholt und einige sind gar erfolgreich zurückgekehrt. Obwohl noch viel zu tun bleibt, ist unsere Gesellschaft in den letzten dreißig Jahren ganz sicher »grüner« geworden und die Bewahrung der Natur und ihrer Schätze für künftige Generationen ist den allermeisten von uns ein wichtiges Ziel. Dazu beigetragen haben auch Einrichtungen wie das *Museum Mensch und Natur* in München. Mit seinem Konzept »Naturkunde als Erlebnis« lockt es jährlich fast eine viertel Million Besucherinnen und Besucher an und zählt damit zu den beliebtesten und besucherstärksten Bildungseinrichtungen Bayerns.

In einem seltsamen Gegensatz zu einem deutlich gewachsenen Bewusstsein für den Natur- und Umweltschutz steht aber ein dramatischer Rückgang der Natur- und Artenkenntnis. So ergab eine »Vogel-Pisastudie« der Fachhochschule Weihenstephan im Jahre 2008, dass Grundschüler(innen) im Schnitt gerade vier einheimische Vogelarten kennen und nur jedes dritte Kind wusste, wie ein Spatz aussieht. Dieser zunehmenden Unkenntnis und Entfremdung von der Natur entgegenzuwirken, ist das Gebot der Stunde. Denn nur das, was man kennt, wird man auch schätzen und daher schützen wollen.

Wir hoffen, mit diesem Buch einen kleinen Beitrag dazu zu leisten, Menschen für die Schätze der Natur vor unserer Haustüre zu begeistern und ihnen Spaß am Erleben der Natur zu vermitteln und danken Frau Rita Mühlbauer und der *Hofpfisterei München* dafür, dass sie dieses wunderbare Projekt mit uns gemeinsam realisiert haben.

Michael Apel und Gerhard Haszprunar

25 Jahre Ökologischer Weg – Hofpfisterei München

Als mein Mann und ich vor 25 Jahren den Entschluss fassten, die *Hofpfisterei* auf ökologische Wirtschaftsweise umzustellen, war dabei der Wunsch nach einem achtsamen und nachhaltigen Umgang mit der Natur ausschlaggebend. Es gab für uns nur einen verantwortlichen Weg - den ökologischen Weg - und das sehen wir beide auch heute immer noch für richtig an.

Der gesamte Herstellungsprozess vom Acker über das fertige Produkt bis hin zum Kunden sollte »stimmen«. Wir haben damals ganz bewusst den Begriff »Öko« gewählt und nicht »Bio«. Bio heißt nur Leben, aber Leben ohne Umwelt gibt es nicht. *»Ökologisch«* bedeutet für uns: *Überleben in der Natur im Zusammenwirken mit unserer Umwelt sowie Schutz unserer Lebensgrundlagen Wasser, Erde und Luft.*

Auf den ökologisch bewirtschafteten Flächen unserer Vertragslandwirte hat sich wieder eine größere Artenvielfalt eingestellt. Das macht uns Mut und erfüllt uns mit Freude, denn Bayerns Felder und Fluren, auf denen 80 Prozent unseres ökologisch produzierten Getreides gedeihen, werden dadurch reicher und gewinnen ein Stück Natürlichkeit zurück.

Man muss die Natur in ihrer Vielfalt, ihrem Reichtum und ihrer Schönheit gern haben. Und so ist vor sieben Jahren das Projekt *»Die Hofpfisterei schützt die Natur«* mit der Malerin Rita Mühlbauer und dem *Landesbund für Vogelschutz* in Bayern (LBV) entstanden. Ziel des Projekts war von Anfang an, den Menschen für die Fauna und Flora unserer bayerischen Heimat das Herz zu öffnen. Sie sollten sich auf ein Miteinander einrichten - ein Miteinander, das nicht nur alle anderen Menschen einschließt, sondern auch die anderen Lebewesen. Und was könnte uns und unseren Nachkommen lieber sein als gesunde Böden, sauberes Wasser, gute Luft und eine vielfältige, artenreiche Natur, die Nutzen mit Freude und Erholung verbindet?

Margaretha Stocker

Bilder von der Vielfalt heimischer Arten – Rita Mühlbauer über ihre Malerei

Seit 2002 male ich für die *Hofpfisterei München* in Zusammenarbeit mit dem *Landesbund für Vogelschutz* (LBV) im Rahmen des Projekts *»Die Hofpfisterei schützt die Natur«* Bilder für Karten, die monatlich in den Filialen ausliegen. Vorgestellt werden heimische Tiere und Pflanzen, denen es Dank des ökologischen Landbaus wieder besser geht. Die Bildkarten, mit kurzen Steckbriefen auf der Rückseite, werden über die Jahre besonders von Kindern, Eltern und Lehrern begeistert gesammelt.

Es sind vor allem drei Beweggründe, die mich bei der Arbeit an den Bildern leiten. Einer ist das Wahrnehmen der erstaunlichen Vielfalt unserer heimischen Natur und, weil sie akut gefährdet ist, ihr Schutz. Dann ist da die Lust, mit Hingabe und Respekt Natur abzubilden. Weiterhin lege ich als Malerin großen Wert auf bedachtsame Gestaltung, was bei dieser Vielzahl von Bildern eine reizvolle Herausforderung ist.

Es handelt sich also um den Versuch, sich der Natur mit künstlerischen Mitteln zu nähern, um sie besser kennenzulernen. Weil unmittelbare Naturwahrnehmung immer seltener gelingt, liegt es nahe, Kunst als Vermittlerin einzusetzen. Sinnliches Vergnügen beim Anschauen gelungen dargestellter Tiere und Pflanzen belebt, weckt Freude an der Natur und vielleicht auch Interesse an ihren Lebensbedingungen. Nach wie vor gibt es von der Natur viel zu lernen, vielleicht sogar mehr denn je. Vor allem aber motiviert der Gedanke, dass man eigentlich nur lieben kann, was man kennt, und dass man das schützen und bewahren möchte, was man liebt. Naturschutz ist zunächst also nicht so sehr Sache des Intellekts als vielmehr des Herzens. Eine gefühlsbedingte Beziehung zur Natur jedenfalls ist beharrlich und lässt, weil sie keine Ruhe gibt, hoffen auf Einsicht und Besserung. In Kurzform gebracht war dies von Anfang an das gemeinsame Motiv, das Frau Margaretha Stocker von der Hofpfisterei und mich bei diesem Projekt verbunden hat.

Eine weitere Triebkraft bei der Arbeit an den Bildkarten, wie bei meiner Malarbeit generell, ist die unbändige Lust, Tiere, Pflanzen und andere Erscheinungsformen der Natur möglichst lebensnah abzubilden – eine schier unerschöpfliche Fülle. Deshalb sammle ich Federn, Schnecken, Steine, Fotos, Filme und vielerlei Gedrucktes als Vorlagen für Studien zu Form, Ausdruck, Bewegung und Farbe. Ich gestalte und male mit ihrer Hilfe auch Ölbilder in der Art eines poetischen Realismus. Und selbstverständlich setze ich sie bei den »Hofpfisterbildern« auch im naturwissenschaftlichen Sinn möglichst korrekt ein. Die abgebildeten Arten sollen ja bestimmbar sein.

Oft aber und sehr intensiv sammle ich Kenntnisse und Eindrücke bei geführten Exkursionen und Studienreisen und beim Aquarellieren in und nach der Natur, wie etwa in heimischen Wäldern, aber auch in tropischen Regenwäldern.

Etwas aber schwingt unterschwellig immer mit: Lebewesen naturnah wiederzugeben, eine gebänderte Prachtlibelle, eine Wechselkröte oder einen Dompfaff inmitten von prallen Pfaffenhütchen, ist für mich mehr als eine gekonnte Abbildung. Es ist Bild für Bild eine gemalte Liebeserklärung an unsere Mitgeschöpfe. Ihre Andersartigkeit erscheint mir unwiderstehlich und voller Geheimnisse. Eine Spur von diesem Flimmern, von dieser Begeisterung, möchten meine Bilder mitteilen, jenseits von Wortsprache, purer Sachlichkeit und bloßer Ästhetik.

Schließlich aber geht es mir bei den Bildkarten auch um eine ausgeklügelte, der jeweiligen Art und Jahreszeit angepasste Komposition und Farbgebung. Dabei möchte ich vermeiden, dass sie künstlerisch aufdringlich wirken, denn die Hauptrollen in diesen kleinen Inszenierungen haben immer die Tiere und Pflanzen, um die es geht. Und, um das Flüchtige einer überraschend gelungenen Beobachtung anzudeuten und es dennoch auf dem Papier festzuhalten, bot sich die Technik des Aquarellmalens wie von selbst an.

Dieses Projekt, das natürlich noch weit mehr Facetten hat, spielt sich so gesehen in einem künstlerischen Rahmen ab, der verbindet, was allzu oft getrennt stattfindet: Hier Kunst, dort Kultur, da die Wissenschaft von der Natur, dort Naturschutz – und dann auch noch die Unterhaltungs- und die ernste Kunst.

Hier, wie in meiner übrigen Arbeit, finde ich mich als Malerin ganz in der Tradition der »abendländischen Kunst«, in der das Abbilden von Natur eine lange, sehr wechselvolle Geschichte hat, und in der es Zeiten gab, in denen Künstler Naturforscher und Naturforscher Künstler waren.

Rita Mühlbauer

Anhang

Die Autorinnen und Autoren im Porträt

Die Darstellung und Würdigung der immensen Vielfalt der Natur bedarf einer Vielfalt an Autorinnen und Autoren. Von diesem Leitgedanken war die Konzeption dieses Buches von Beginn an geprägt. Der Reichtum der Natur soll seine Entsprechung in sprachlich und thematisch vielfältigen Texten finden.

Insgesamt 19 Autorinnen und Autoren haben das Buch mit ihren Beiträgen bereichert. Sie entstammen so unterschiedlichen Disziplinen wie den Bio- und Forstwissenschaften oder den Kunst- und Religionswissenschaften, sind gleichermaßen in Forschung und Lehre tätig wie im aktiven Naturschutz. Ihre Begeisterung und Fachkompetenz haben das Buch in dieser Form erst möglich gemacht. Wir danken allen aufgeführten Personen nachdrücklich und herzlich für ihre Beiträge und ihr Engagement!

Die Herausgeber

Michael Apel war nach dem Studium der Biologie an der Universität Frankfurt am Main als Wissenschaftler für das Forschungsinstitut und Naturmuseum Senckenberg tätig. Im Jahre 2003 wechselte der Zoologe und Meeresbiologe an das Hessische Landesmuseum in Wiesbaden, wo er die Leitung der Naturkundlichen Abteilung übernahm. Seit 2006 ist er Leiter des Museums Mensch und Natur in München.

Ehrentraud Bayer hat Biologie und Chemie studiert. Nach einem Stipendiumsaufenthalt in Chile promovierte und habilitierte die Diplom-Biologin in Systematischer Botanik (LMU München). Seit 1993 ist sie als Wissenschaftlerin am Botanischen Garten München-Nymphenburg; sie ist heute dessen Stellvertretende Direktorin und leitet die Öffentlichkeitsarbeit.

Ernst-Gerhard Burmeister schloss sein Studium mit dem Diplom in Biologie, Organischer Chemie und Tropenmedizin ab. Das wissenschaftliche Interesse des Zoologen gehört aquatischen Organismen und führte ihn nach Afrika und Lateinamerika. Seit 1978 ist er an der Zoologischen Staatssammlung München tätig, seit 2008 deren leitender Sammlungsdirektor. Als Professor lehrt er an der LMU München.

Juliane Diller wurde 1954 in Lima geboren und wuchs in Peru auf. Nach dem Biologiestudium in Kiel und München schrieb sie ihre Doktorarbeit über die Ökologie amazonischer Fledermäuse. Heute leitet sie die große Fachbibliothek der Zoologischen Staatssammlung München und die biologische Forschungsstation »Panguana« im peruanischen Tieflandregenwald.

Caroline Ebertshäuser ist für Public Relations in der Hofpfisterei München zuständig. Die promovierte Kunsthistorikerin ist freie Autorin und hat zahlreiche Bücher zum Thema Kunst, Kultur und Umwelt veröffentlicht. Darüber hinaus Konzeption und Durchführung von Projekten und Veranstaltungen zu Umwelt und Kultur. Sie leitet Disegno, die Gesellschaft für interkulturelle Studien e.V.

Gerhard Haszprunar ist seit 1995 Inhaber des Lehrstuhls für Systematische Zoologie an der Universität München (LMU) sowie Direktor der Zoologischen Staatsammlung München. Seit 2006 bekleidet er das Amt des Generaldirektors der Staatlichen Naturwissenschaftlichen Sammlungen Bayerns. Er ist Autor unzähliger wissenschaftlicher Facharbeiten, aber auch populärwissenschaftlicher Veröffentlichungen auf dem Gebiet der Systematischen Biologie und der Evolutionsforschung.

Beate Jessel ist seit November 2007 Präsidentin des Bundesamtes für Naturschutz (BfN) in Bonn, der zentralen wissenschaftlichen Bundesbehörde für alle Fragen des nationalen und internationalen Naturschutzes. Zuvor war sie als Professorin von 1999 bis 2006 Inhaberin des Lehrstuhls für Landschaftsplanung an der Universität Potsdam, danach des Lehrstuhls für Strategie und Management der Landschaftsentwicklung an der TU München.

Claus-Peter Lieckfeld ist Mitbegründer der Zeitschrift natur, freier Autor und Journalist. Er schrieb zahlreiche Bücher zu naturkundlichen Themen, unter anderem »Tatort Wald« und »Nomaden des Windes«, aber auch historische Romane und Kabaretttexte. Seine Publikationsschwerpunkte liegen bei GEO, DIE ZEIT, Merian sowie natur + kosmos.

Rita Mühlbauer studierte an der Münchener Akademie der Bildenden Künste und lebt als Malerin und Illustratorin in München. Fasziniert vom Gestaltungsreichtum der Natur malt sie in Öl und Aquarell in hiesigen und tropischen Wäldern. Neben Buchveröffentlichungen seit Jahren Ausstellungen und Workshops. Im Auftrag der ökologisch produzierenden Münchener Hofpfisterei malt sie monatlich Bildkarten von der heimischen Artenvielfalt.

Josef H. Reichholf ist an der Zoologische Staatssammlung München tätig. Der Universitätsprofessor lehrte dreißig Jahre lang Ökologie und Naturschutz an der TU München. Sein Buch »Stadtnatur« (oekom verlag, 2007) behandelt ausführlich das so reichhaltige Tierleben unserer Städte. Er ist Träger der Treviranus-Medaille, der höchsten Auszeichnung der deutschen Biologen, und er gehört zu den vierzig prominentesten Naturwissenschaftlern Deutschlands (Cicero-Ranking 2008).

Eva Schneider, Jahrgang 1954, studierte Tiermedizin in München. Nach ihrer Approbation und Promotion absolvierte sie den Aufbaustudiengang Ökologie an der Universität Tübingen. Heute ist sie nahezu jedes Wochenende, sommers wie winters, in der Natur unterwegs. Während Exkursionen und Studienreisen beobachtet und bewundert sie gemeinsam mit interessierten Teilnehmer(inne)n die Tiere und Pflanzen in ihren natürlichen Lebensräumen.

Heinz Sedlmeier ist promovierter Zoologe und arbeitet als Leiter der Geschäftsstelle München beim Landesbund für Vogelschutz (LBV), Bayerns größtem Arten- und Biotopschutzverband. Er ist Autor mehrerer Studien über die Wechselkröte. Daraus entwickelte er ein Artenhilfsprogramm für die vom Aussterben bedrohte Kröte, das seit 2009 – unterstützt vom bayerischen Umweltministerium – umgesetzt wird.

Andreas Segerer, geboren 1961, studierte Biologie an der Universität Regensburg und promovierte im Fach Mikrobiologie über urtümliche Einzeller (Archaeen) in heißen Vulkanquellen. Heute ist er Konservator an der Zoologischen Staatssammlung München und forscht dort über Verbreitung und Evolution von Zünslerfaltern und anderen Kleinschmetterlingen.

Veronika Straaß ist Diplom-Biologin und Autorin erfolgreicher Bücher im Bereich »Kinder, Jugendliche und Natur«. Sie übersetzte zahlreiche naturkundliche Bücher aus dem Englischen und Französischen und ist Mitarbeiterin der Buchpublikationen »Willi wills wissen«.

Bruno Streit promovierte über Energieflüsse in Ökosystemen und habilitierte zum Thema Ökotoxikologie. Nach Aufenthalten an den Universitäten von Basel und Stanford wurde er 1985 Professor an der Goethe-Universität in Frankfurt am Main. Seitdem forscht und lehrt er Ökologie und Evolution und ist Sprecher von BioFrankfurt, dem Netzwerk für Biodiversität.

Markus Vogt ist Professor für Christliche Sozialethik an der LMU München. Geboren wurde er 1962 in Freiburg im Breisgau. Er studierte Philosophie und Theologie in München, Jerusalem und Luzern. Der Vater von drei Kindern ist Mitglied der ökologischen AG der Deutschen Bischofskonferenz. Im Jahr 2009 hat er im oekom verlag die Schrift »Prinzip Nachhaltigkeit« veröffentlicht.

Werner Vogt-Kaute studierte Landwirtschaft an der Fachhochschule Weihenstephan. Nach Tätigkeiten in der Bodenkunde und im Naturkostgroß- und -einzelhandel arbeitet er seit 1989 als Berater für ökologisch wirtschaftende Landwirte beim Verband Naturland. Im Nebenerwerb bewirtschaftet er mit seiner Frau in Unterfranken einen kleinen Öko-Betrieb mit Mutterkühen, Pferden und Legehennen.

Hubert Weinzierl wurde 1935 in Ingolstadt geboren. Seit 1953 ist er in der Naturschutzbewegung aktiv. Lange Jahre war er Vorsitzender des Bundes Naturschutz in Bayern und des Bundes für Umwelt und Naturschutz Deutschland (BUND). Seit 2000 steht er dem Deutschen Naturschutzring (DNR) vor, ist seit 2001 Mitglied im Rat für Nachhaltige Entwicklung der Bundesregierung und seit 2005 Vorsitzender des Kuratoriums der Deutschen Bundesstiftung Umwelt (DBU). Er lebt auf seinem Landwirtschaftsbetrieb Schloss Wiesenfelden im Bayerischen Wald.

Volker Zahner ist Professor für Zoologie und Wildtierökologie an der Hochschule für angewandte Wissenschaften Weihenstephan. Er hat über den Biber promoviert und ist Mitautor mehrerer Bücher. Daneben ist er Sprecher des Wissenschaftlichen Beirates des Landesbundes für Vogelschutz (LBV) und Mitglied des Wissenschaftlichen Beirates der Ornithologischen Gesellschaft in Bayern.

Alphabetisches Artenregister

Admiral 68
Bachforelle 12
Biber 17
Blindschleiche 136
Edelkrebs 26
Eisvogel 31
Feldhase 72
Feldlerche 82
Feldmaikäfer 140
Feldsperling 86
Flussperlmuschel 35
Gebänderte Prachtlibelle 40
Großer Abendsegler 91
Grünes Heupferd 95
Hermelin 149
Himmelblauer Bläuling 104
Igel 153
Kuckuck 158
Laubfrosch 44
Märzenbecher 163
Pfaffenhütchen 167
Rauchschwalbe 109
Rebhuhn 113
Rotfuchs 171
Saatkrähe 117
Schlehe 180
Schwarzer Holunder 183
Sperber 188
Steinhummel 122
Wasserschlauch 53
Wechselkröte 126
Weinrose 192
Weißstorch 57